室内装饰材料与构造

傅 凯◎编著

东南大学出版社
SOUTHEAST UNIVERSITY PRESS

·南京·

内容提要

室内装饰材料及构造工艺是室内设计的存在依据和展现媒介,是体现设计师设计思想和展示空间性质、魅力的重要条件。一个优秀的室内设计作品要既有所创意,又要贴近人们的实际生活并能够顺利得以实现,这就需要设计师对材料的性能、质感、品种、价格及施工工艺的难易程度有所认识和掌握。《室内装饰材料与构造》便是一本在简述室内设计的性质和风格的前提下,着重讲解有关室内设计各类装饰材料及施工工艺的实用教材。读者通过学习本书可以对室内设计装饰材料与构造有一个更直观和整体全面的认识与掌握,更主要的是可以有效地调整设计师的设计方向从而更好地展现其设计效果。故本书特别适合作为建筑室内设计、环境艺术设计等相关专业的教材。

图书在版编目 (CIP) 数据

室内装饰材料与构造 / 傅凯编著 .—南京 : 东南大学出版社 ,2015.10
 ISBN 978-7-5641-5994-8

Ⅰ .①室… Ⅱ .傅… Ⅲ .①室内装饰 – 建筑材料 – 装饰材料 – 高等学校 – 教材②室内装饰 – 构造 – 高等学校 – 教材 Ⅳ .① TU56 ② TU767

中国版本图书馆 CIP 数据核字(2015)第 211948 号

室内装饰材料与构造

著　　者　傅　凯

责任编辑　李　玉
责任印制　张文礼
封面设计　王　玥

出版发行　东南大学出版社
出 版 人　江建中
社　　址　南京市四牌楼 2 号(邮编　210096)
经　　销　全国各地新华书店

印　　刷　扬中市印刷有限公司
开　　本　889 mm×1194 mm　1/16
印　　张　11
字　　数　218 千字
版　　次　2015 年 10 月第 1 版第 1 次印刷
印　　数　1-3000 册
书　　号　ISBN 978-7-5641-5994-8
定　　价　88.00 元

本社图书若有印装质量问题,请直接与营销部联系,电话:025-83791830。

前言

　　由于作者本人从事环境艺术设计教育与实践近三十年，所以深深地体会到一个现在或者将来要从事建筑学、环境艺术设计、风景园林设计等相关专业的人员或者学生对建筑室内外装饰材料的了解和熟练地应用是多么的重要，特别是室内装饰材料品种纷繁复杂且使用周期相对比较短，这对设计师进行设计创作不能不说是个挑战。随着时代的发展、经济的繁荣，人们的生活不仅离不开室内空间，而且随着物质水平的不断提高和精神需求的逐步提升还需要对其在空间的形式和装饰上进行不断的创新。人们对不同形式的室内空间环境的体验，不但能促进和加深人们对空间环境概念的认识和理解，还能够促进建筑室内外装饰材料的进一步繁荣和发展，所以从某种意义上讲室内环境是反映人类物质生活和精神生活的一面镜子，折射出人类生存环境的不断改变和对精神世界的不断追求。

　　意大利建筑理论家赛维在《建筑空间论》一书中说："建筑区别于其他艺术的特征就在于它具有空间。其他艺术仅仅是对生活的认识、写照，建筑空间却是我们生活的场所、生活的环境、生活的舞台。"我不但非常认同并且还通过生活实践切实体会到赛维这句话的深刻含义，所以我没有直截了当地在书的开头就讲装饰材料，而是从简述室内设计的基本原理和风格出发，逐步阐明室内装饰材料在塑造室内环境空间中的作用，比较详细的讲解各类装饰材料施工工艺、构造及其如何利用各种装饰手法来创造室内空间。我在编著过程中力争通俗易懂、利于实践。如果在生活和工作中真的给读者带来益处和方便，将是我最大的宽慰。

非常感谢东南大学出版社的李玉老师，正因为有她的帮助和努力才使得本书顺利出版。另外我还要感谢我的研究生吕苏琨，他为本书付出了大量的时间和精力整理资料；我的朋友肖宏强先生为本书提供了专业、精美的版式设计。

由于个人水平有限，本书难免有错误和不足之处，敬请读者批评指正。

傅凯

于南京工业大学江浦校区学府苑

2015 年 6 月 21 日

目 录

目 录

第一章　室内设计与装饰

第一节　室内设计意义

一、空间设计

1. 室内空间与建筑

室内设计与建筑的关系是十分微妙的,室内空间处于建筑的母体之中,却又与建筑有一定程度的"分裂"。从某种意义上讲建筑提供给室内空间一个躯壳,而室内空间设计赋予建筑更多的人文气质、艺术品位等精神内涵。即使室内空间设计是一个建筑内封闭的一部分,但是整个建筑都是和它息息相关的背景因素。室内设计发展到现在才真正从建筑设计中走出来,走向时尚、走向大众、走向多元化。室内空间所处的特定位置对设计方案的制定举足轻重。在规划设计方案时,对特定位置因素的考虑往往凌驾于其他因素之上,像是平面设计、时装设计以及工业设计,都需要充分考虑到作品的功能、美学特征以及结构安全合理。室内设计师也不可避免地需要权衡这些因素,并且还要考虑到该室内空间与所在地点之间的关系。二者可以融为一体,同时该室内空间也可以提升所在地点的附加值,比如让所在地点环境变得更有

品位和井然有序等。（图1-1）

2.室内设计含义

进行空间环境设计过程中，首要解决的问题就是建筑中艺术与技术的关系问题及形式与内容的问题。古罗马建筑师维特鲁威曾最早提出建筑的三要素"坚固、实用、美观。"这句格言是建筑学与室内设计的基本准则。"坚固"指的是物品的结构完整性，就是这个物品是不是经久耐用，是用什么材质制成的？这个物品到底能不能承受自身的重量，以及所要盛放物品的重量？"实

图1-1 某中庭设计

用"是物品的功能，简单地说，就是这个物品是否好用？是否实现了自身的使用价值？"美观"所探究的是某个元素是否具有美学价值，这个物品是否好看，是不是能吸引人们的眼球。这些都可以在设计师对每个室内空间规划以及摆放的每个物品的过程中体现出来。

室内空间设计是个跨学科的专业，通过改变空间大小、特定元素、家具的摆放以及进行软装饰等表面处理来创造一系列的内部环境，从而彰显建筑的某种特质或是某种氛围。室内设计涵盖的是那些对现有建筑较少进行结构变化的项目，或者是那些保留建筑原有结构的项目。

室内空间设计是根据建筑物的使用性质、所处环境和相关标准，运用设计施工技术手段和建筑美学原理，解决建筑中艺术与技术结合中产生的矛盾，创造功能合理、舒适优美、满足人们物质和精神生活需要的室内环境。这样的空间不但具有使用价值与功能价值，更需要包含人类的历史、风格、环境，使之满足人的审美价值及精神追求。

作为室内设计师，在设计构思时不但需要运用物质技术手段，即各类装饰材料和设施设备等，还需要遵循建筑美学和环境艺术设计原理、设计法则，这是因为室内设计的艺术性，除了遵循如与绘画、雕塑等

图1-2 某展示空间

艺术之间共同的美学法则之外，作为建筑及其建筑所要体现的空间，更需要综合考虑使用功能、结构施工、材料设备、造价标准等多种科学技术因素。换句话说，建筑美学总是和实用、技术、经济等因素联系在一起，这也是它有别于绘画、雕塑等纯艺术的差异所在。（图1-2）

总之，现代室内设计既有很高的艺术性的要求，其涉及的设计内容又有很高的技术含量，并且与一些新兴学科如人体工程学、环境心理学、环境物理学等关系极为密切。现代室内设计已经在环境设计中发展成为独立的设计领域。

二、空间构成

1. 构成的定义

构成是现代造型设计的专业用语，指一种造型概念。其含义就是将不同形态的几个以上的单元重新组合成一个新的单元，并赋予新的视觉感受。

点线面是一切造型要素中的基本点，存在于任何造型设计中，如果对纷繁复杂的建筑进行分析，就可以得到点、线、面和体等构成要素。一根柱子的平面投影可理解为点，正侧面投影可理解为一根线；一墙面的平面、侧面投影可理解为一根线，正投影则是一个面；三根立柱、两面墙或一根立柱一面墙等，都可直接构成最基本的空间。另外，顶棚与墙面、家具也可构成不同的空间形式，还有利用回廊、楼梯肚、绿化的不同放置来构成不同的空间。（图1-3）

图1-3 点线面在空间中的应用

2. 室内空间形态

由于现代文明的飞速发展，科学技术不断进步，人们对空间环境的认识不但越来越深，而且要求也逐步提高。对于人们对空间环境提出什么样的使用目的和要求，只要相应的处理好空间形态和装饰手法都可以解决。空间形态是空间环境的基础，是控制空间效果和环境气氛的关键，人类经过长期的实践，对室内空间形态的创造积累了极其丰富的经验。当然，由于建筑室内空间的无限扩张，其形式丰富多样，特别对于不同方向不同位置空间的相互渗透、贯通，使得部分空间之间的界限难辨，给空间形态分析确定带来一定的困难。但只要抓住空间基本形态并以充分掌握、理解空间的构成原理，就能够变通、演绎空间形态，从而创造出无穷的空间形态。（图1-4）

图1-4 不同的空间形态

（1）开敞式空间和封闭式空间

这是一对矛盾空间，根据人们对室内空间的使用要求、视觉感觉和心理因素，在不同的环境条件下，需要不同程度的开敞性和封闭性，其特点各有千秋。在空间感上，开敞空间是外向型的、流动的，可接纳室外景观，容室内景色为一体，从而增加人们的心理空间，扩大视野。在使用上开敞空间显得灵活、变化，其性格表现出接纳、宽容，充分体现公共性和社会性的特点。开敞式空间在心理效果上常表现出开朗、活跃，使人们在空间显得轻松自在。封闭空间给人们的空间感受则是精致、凝滞的。（图1-5，图1-6）

图1-5　开敞空间

图1-6　封闭空间

（2）动态空间和静态空间

主要是对由各种因素组成的室内空间给人在心里上产生的动态与静态的感受。如电梯、自动扶梯、活动雕塑及各种信息展示板等，加上人的各种活动，而路线又是多向的，形成丰富的流动趋势。这样的空间就是动态空间。（图1-7）

图1-7　动态空间

人们在热衷于创造动态空间的同时，又不能排除对静态空间的需求，这是生理因素和活动规律所决定的，也是满足人们在心理上对动和静的交替追求。其空间多为对称型，除了向心、离心以外，其他倾向较少，趋于封闭而是空间的限定度较强，达到一种静态效果。其次空间的陈设比例、色彩、光照尽量协调，视线转换平和，避免强制性引导实现的因素也是创造静态空间的必要条件之一。（图1-8）

图1-8　静态空间

（3）下沉式空间与地台式空间

下沉式空间是利用室内地面局部下沉的方法，在整体的大空间环境中形成有明确界限的相对独立空间形式，这种空间有一定私密性的小天地。人们在其中休息、交流倍感亲切。在这样的小天地里工作学习不会受到太多周围的干扰。在整体空间活动时，随着视点降低及升高，空间整体效果及外景色也随之变化，极富趣味性。（图1-9）

地台式空间与下沉式空间相反，它是使室内地面抬高，而形成一个高台座形式的空间。许多商家常利用此空间形式陈列新产品，让人醒目突出，其展示效果较佳。如今，人们直接把地台空间的台面当坐席、床位或在台面上陈设物品,台下储藏并安置各种设备,如利用地台进行通风换气、隐藏管道等,既改善空间气候,又美化了环境和充分利用空间。(图 1-10)

图 1-9 下沉式空间　　　　　　　　　　图 1-10 地台式空间

（4）上悬空间与回廊

室内空间在垂直方向的划分采用悬吊结构,或不是绝对靠墙体和立体支撑。如利用扩大楼梯休息平台和同标高的挑平台,布置成一种休息交谈、具有一定独立性的空间环境,有的是利用横梁在空中架设一个小空间。由于此空间高低错落,生动别致,让人们居其上既有情趣欣快的"悬浮"感,又有丰富视野的功能。(图1-11)

（5）象征空间和模拟空间

象征空间设有明确的空间分割形态,缺乏较强的限度感,依靠部分形体的启示,让人产生联想和视觉完整性而感知、划定空间。这种形式空间可以通过简化装修而获得较为理想的效果。一般借助各种隔断、家具、陈设、绿化雕塑、水体盆景、照明色彩及改变层高因素形成。(图 1-12)

模拟空间是利用镜面反射出的虚像,有时利用景深的大幅画面,把人们视线引向远方,造成空间深远的意象。从而让人产生空间扩大的视觉效果。利用模拟空间手段,可以减弱实际空间的不足而带来的压抑感,增大其空间视觉范围,弥补人们心理上的缺憾。(图 1-13)

图 1-11 上悬空间与回廊

（6）共享空间

单一空间类型一般趋于静止的感觉,往往不能满足人们不断变化求新的心理状态,共享空间是具有运用多种空间处理手法,创造各种特色的

图 1-12 象征空间　　　　　　　图 1-13 模拟空间

空间形态,富有动感的综合本质。它一般处于大型公共建筑内的公共活动中心和交通枢纽,含有多种多样的空间要素和设施。人们可以通过极富流动性的空间,灵活走动、随意浏览、任意挑选等,充分满足精神和心理的要求。(图 1-14)

图 1-14 共享空间

3. 空间性格

空间的性格是对室内空间环境的人格化,实际是室内环境对人的生理和心理所产生的影响。如由于构成空间的各种因素不同、形状不一,加之大小比例、照明色彩等等变化,使人们通过视觉感受到温暖空间、寒冷空间、照明空间、亲密空间和古典雅致的空间等,从而让空间富有表情。(图 1-15)

图 1-15 空间具有安详、静美的表情

第二节　室内设计与装饰

一、室内装饰设计

现代室内装饰设计是一门综合性很强的学科,它与建筑学、社会学、民俗学、心理学、人体工程学、结构工程学、建筑物理学、建筑材料学密切相关;同时也涉及家具陈设、装潢、材料的质地与性能、工艺美术、绿化等艺术领域。

现代室内装饰设计是建筑设计不可分割的组成部分,一座好的建筑,必须包含内外空间设计的两个基本内容。与建筑设计方案一样,同一个室内空间环境,可以设计成各种不同的风格,其效果可以截然不同。室内设计实际是室内的空间环境设计,是对建筑设计进行深化,是为构成预想的室内生活、工作、学习等必须的空间环境而进行的设计工作。通常所指的室内装饰和室内装修,仅仅是实现室内环境设计的手段及其局部设计的工作。现代室内装饰设计是建筑设计的进一步深化与再创造。它与建筑有着相依相存的关系,所以可以说室内装饰设计是"建筑的建筑"或"二次设计"。(图1-16)

现代室内装饰设计作为一门实用的学科,它具有较强的应用性。设计有两个目的,一是最低目的,二是最高目的。所谓最低目的就是要保证人们在室内生存的最基本居住条件和物质生活条件,这是室内设计的前提。所谓最高目的就是指要提高室内环境的精神品质,增加和彰显人类灵性生活的价值。因此,室内设计师必须做到以物质为用,以精神为本;用有限的物质条件创造出无限的精神价值。同时应当明确,设计既要以目的为出发点,又要运用心理学原理去分析研究人类心理行为特征,去满足不同对象及其在不同条件下对空间在实用功能及文化艺术上的要求。(图1-17)

图1-16　某博物馆设计

图1-17　某宾馆餐厅

二、装饰构造设计

随着人们生活水平的提高,室内装饰越来越被人们所重视,室内装饰首先必须基于室内装饰构造。室内装饰构造是室内设计的一个重要组成部分,构造设计是最终完成室内设计的重要步骤。构造处理得好坏对室内设计质量的高低和效果的优劣有着至关重要的影响,它会直接影响室内空间的使用和美观。构造设计会因为设计者审美意识和表现方法不同,而呈现不同的设计风格和设计效果。构造设计一般应遵循下列原则。

1.满足功能

室内装饰构造设计应该把满足人们在室内生产和生活的要求放在首位,创造出一种使人的活动更有效率、生活更加美好的环境。表面决不可单纯地着眼于豪华的装潢感受。地面、墙面、顶棚和其他室内装饰的构造设计都应以创造一个有利于生产、能提高生活水准的环境为宗旨。例如厂房的室内设计要考虑如何提高产品质量和劳动生产率，如何保障员工的生产安全与卫生、健康,否则装修得再漂亮也是没有意义的。把工厂设计成木地面虽然舒适、美观,但并不实用。根据不同的要求,室内构造设计还要不同程度地满足保温、隔热、隔声、照明、采光、通风等人的物理要求。细部节点的设计都要围绕这一目的,使内部环境实用、美观又具备科学性。建筑空间通过室内设计可以形成某种气氛,或体现某种意境,还可以通过构造方法、材料色彩与质地,以及巧妙的艺术处理来改变空间感,调整和弥补建筑设计形成的空间缺陷。

2. 坚固与科学

室内装饰工程如墙面、地面、顶棚等的材料和构造都要求具有一定的强度和刚度,符合计算要求。特别是各部件间相互连接的节点,更要安全可靠。有些关键节点,例如水平面与垂直面变化的交接处,管线在限定范围内的交叉,地面、室内墙面、顶棚各部位的变形缝(沉降缝、伸缩缝、抗震缝)等,更要精心处理稳妥。室内设计所创造的良好室内环境,首先应能满足使用要求。如果构造本身不合理,材料强度、刚度都不能达到安全、耐久的要求,就失去了使用要求的基础。值得提出的是,由于室内构造设计是在已确定的建筑实体中进行的,因此地面、墙面、顶棚等装饰工程的各部件与主体结构的连接也必须坚固、合理。

3. 材料选择与搭配

室内装饰材料是室内装饰工程的物质基础。选择不同的材料不但意味着选择了不同的构造设计方法,同时还为不同材料之间的搭配、互补提供条件。这在很大程度上决定了装饰工程的施工方法、工程造价、工程质量和装饰效果。

室内装饰标准差距甚大,不同性质、不同用途的建筑有不同的室内装饰标准。如普通住宅和高级宾馆装饰标准就十分不同。要根据性质和用途确定室内装饰标准,不盲目提高标准,单纯追求艺术效果,造成经济浪费,也不要片面降低标准而影响使用。重要的是在不同的造价情况下,通过巧妙的构造设计达到较好的装饰效果。

在材料搭配的比例分配上要特别注意点线面设计元素和形式美法则的应用。选择材料要实事求是,因材施用,尽量就地取材。材料搭配要有主次之分,结构要科学可行,形式要自然美观。(图 1-18)

图 1-18 某豪华餐厅包间

三、室内软装饰设计

所谓室内软装饰设计,是指在室内基础装修完毕之后,利用那些易更换、易变动位置的饰物与家具,如窗帘、地毯、靠垫、台布、装饰工艺品、灯饰、沙发、座椅、餐具等,对室内空间进行二度陈设布置与装饰的一门新型设计学科。就现在的观点来看室内软装饰设计确实是一门综合性学科,它所涉及的范围非常广泛,包括美学、光学、色彩学、哲学、文学、艺术、设计学和心理学等知识。在具体设计时要根据室内空间的大小、形状、使用性质、功能和美学要求进行整体策划和布置,使所装饰的空间具有鲜明的特点。

室内软装饰设计按室内空间的使用功能可分为家居空间软装饰设计和公共空间软装饰设计;按材料和工艺可分为室内家具设计、室内灯饰设计、室内布艺设计和室内陈设品设计。软装饰设计更能体现出空间使用者的品位和审美因素,适应在室内空间氛围的点睛之笔,它打破了传统的装修行业界限,将家具、灯饰、工艺品、陈设品、布艺、植物等进行重新组合,形成一个新的理念,丰富了空间的形式,满足了空间的个性化需求。

不同的历史时期和社会形态会使人们的价值观和审美观产生较大的差异,对室内软装饰设计的发展也起了积极的推动作用。新材料、新工艺的不断涌现和更新,为室内软装饰设计提供了无穷的设计素材和灵感。室内软装饰设计以多元化的设计理念,融合不同风格的艺术特点,运用物质技术手段结合艺术美学,创造出具有表现力和感染

图1-19 具有禅意的陈设

力的室内空间形象,使得室内设计更加为大众所认可和接受。(图1-19)

第三节 室内软装饰设计风格

一、含义

风格即风度品格,它体现着设计创作中的艺术特色和个性。室内软装饰设计风格是指软装饰陈设所营造出来的特定的艺术特性和品格。它蕴藏着人们对室内空间的使用要求和审美情趣,展现着不同历史文化内涵,改变着人们的生活方式、思想观念,越来越受到人们的关注。

二、分类

室内软装饰设计风格主要分为欧式古典风格、中式风格、现代简约风格和新地方主义风格等不同风格。

1. 欧式古典风格

欧式古典风格室内软装饰设计是以欧洲古代经典的建筑装饰设计为依托,将历史已有的造型样式、装饰图案和室内陈设运用到住宅内部空间的装饰上,营造出精美、奢华、富丽堂皇的室内效果的设计形式。欧式古典风格室内软装饰设计的经典样式包括古希腊的柱式及古罗马的券拱、壁炉和雕花石膏线条等。在造型设计上讲究对称手法,体现出庄重、大气、典雅的特点。如深色的橡木或枫木家具,色彩鲜艳的布艺沙发、色彩鲜艳的油画和欧式壁炉以金箔、宝石、水晶和青铜材料配合精美手工布艺陈设等等。(图1-20,图1-21,图1-22)

图1-20 以油画雕塑装饰空间

图1-21 以雕花线条和布艺装饰空间

图1-22 镶嵌金银工艺品

2. 中式风格

中式风格的室内软装饰设计以中国传统文化为基础,具有鲜明的民族特色。中式风格的室内装饰以木材为主,家具和门窗也多采用木制品,室内布局均称、均衡,井然有序,注重与周围环境的和谐、统一,体现出中国传统设计理念中崇尚自然、返璞归真,以及天人合一的思想。

中式风格的室内软装饰设计,从造型样式到装饰图案均表现端庄的气度和儒雅的风采。其代表性装饰式样与室内陈设如下。如内布置、线形、色调以及家具、陈设的造型等方面,吸取传统装饰"形"、"神"的特征,以传统文化内涵为设计元素,革除传统家具的弊端,去掉多余的雕刻,糅合现代西式家居的舒适,根据不同户型的居室,采取不同的布置地面以铺手工编织地毯,图案常用"回"字纹。家具以明清时期的家具为主,如榻、条案、圈椅、太师椅、炕桌等。(图 1-23)

家具陈设讲究对称,重视文化意蕴;配饰擅用字画、古玩、卷轴、盆景,精致的工艺品加以点缀,更显主人的品位与尊贵,木雕画以壁挂为主,更具有文化韵味和独特风格,体现中国传统家居文化的独特魅力。室内灯饰常用木制灯或羊皮灯,结合中式传统木雕图案,灯光多用暖色调,营造出温馨、柔和的氛围。(图 1-24)

中式风格的室内软装饰设计还常常巧妙地运用隐喻和借景的手法,创造一种安宁、和谐、含蓄而清雅的意境。(图 1-25)

  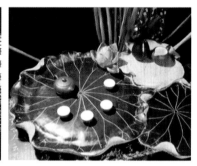

图 1-23 典型的中式室内装饰陈设　　　　图 1-24 传统字画、瓷器装饰空间　　　　图 1-25 石雕荷花茶具

3. 现代简约风格

现代简约主义也称功能主义,是工业社会的产物,兴起于 20 世纪初的欧洲,提倡突破传统、创造革新、重视功能和空间组织,注重发挥结构构成本身的形式美,造型简洁,崇尚合理的构成工艺;尊重材料

图 1-26 朴素简洁的空间布置　　　　　　　图 1-27 高调明亮色调单纯的空间氛围

的特性,讲究材料自身的质地;强调设计与工业生产的联系;提倡技术与艺术结合的生产关系。把合乎目的性、合乎规律性作为艺术的标准,并延伸到空间设计中。现代简约风格的核心内容是采用简洁的形式达到低造价、低成本的目的,并营造出朴素、纯净、雅致的空间氛围。(图1-26)

提倡功能至上,反对过度装饰,主张使用白色、灰色等中性色彩,室内结构空间多采用方形组合,在处理手法上主张流动空间的新概念。强调室内空间形态和构建的单一性、抽象性,追求材料、技术和空间表现的精确度。室内常采用玻璃、浅灰色石材、不锈钢等光洁、明亮的材料。室内家具与灯饰崇尚设计意念,造型简洁,讲究人体工学。室内陈设品简单、抽象,往往采用较纯的色彩,造成一定的视觉变化。(图1-27)

4. 新地方主义风格

新地方主义风格是指在室内软装饰设计中强调地方特色和民俗风格,提倡因地制宜的乡土味和民族化风格形式。尝试回归自然的设计手法,推崇自然与现代相结合的设计理念,室内多采用当地的原木、石材、板岩和藤制品等天然材料,色彩多为纯正天然的色彩,如矿物质的颜色。材料的质地较粗,并有明显、纯正的肌理纹路。强调自然光的引进,整体空间效果呈现出清新、淡雅的氛围。(图1-28)

5. 地中海风格

地中海风格装修是类海洋风格装修的典型代表,是最富有人文精神和艺术气质的装修风格

图1-28 典型的新地方主义风格空间

之一。自由、自然、浪漫、休闲是地中海风格装修的精髓。地中海风格装修通过一系列开放性和通透性的建筑装饰语言来表达地中海装修风格的自由精神内涵;同时,它通过取材天然的材料方案,来体现向往自然,亲近自然,感受自然的生活情趣;通过以海洋的蔚蓝色为基色调的颜色搭配方案,自然光线的巧妙运用表述其浪漫情怀。(图1-29,图1-30)

图1-29 地中海建筑环境

图1-30 地中海风格的室内空间环境

6. 普罗旺斯风格

源自天然的大地色系是法国普罗旺斯的主调,室内完全成为黄色、红色、兰色等活泼的纯色的天下,对明亮色彩的偏好让法国普罗旺斯的房屋很少会有白色的墙面,它们大多被涂抹成绚丽的画作,橙黄、亮橙、赤红色都很常见,而带着大海气息的蓝色更是当地人的最爱,用以装饰家庭相框或是手工陶艺,风味独特。(图1-31)

在地面装饰方面,以图案艳丽的瓷砖为主,传统的手工铺设方式营造出毫不雕饰的乡村味道,马赛克的运用则更加广泛,不仅在厨房或浴室中,就连房屋的外墙和家具也常用马赛克拼作画龙点睛的装饰,而

纯以马赛克品拼花制成的餐桌更是法国普罗旺斯的特产，锻铁工艺在法国普罗旺斯也被广泛地使用在楼梯、门窗、桌椅、床具、灯饰、家具或装饰细节上，集中体现出华丽的悠闲风格，注重实用性和美观度，又有很强的搭配性，柔美舒展的线条和洗白处理是最突出的特征，灵感来自法国宫廷的细节造型和纹饰经过当地工匠的中心诠释，线条更加大气和开放。特别是最受欢迎的花卉和植物图案，被大量使用在室内软装饰上，力求让法国普罗旺斯充满阳光、草原、花朵的迷人风采在家中同样盛放。此外手工烧制的陶制器皿也是法国普罗旺斯值得骄傲的特色出品，简单淳朴的造型、柔和自然的配色以及充满个性的手绘图案，使之塑造法国普罗旺斯风格的典型表识。（图 1-32）

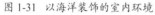

图 1-31 以海洋装饰的室内环境

图 1-32 陶瓷饰品与布艺装饰空间

三、文化与品位

随着物质生活质量的迅速提高，人们开始注重自己的精神质量的提高，追求精神生活在文化、品位层次上的完善。人们的生活品位随之得到创造性的提升，人们不再满足于缺乏生命力的、大众化的室内环境。在室内装饰中，"文化"能够传达居住主人的独特的个性。主人可根据自己的爱好去创造独特文化品位的空间。主人从空间色调、壁纸式样、家具的款式，到一幅有寓意的装饰画，一个自己收藏的玩偶，其

图 1-33 莲花插放随意却能够提升空间的禅意

图 1-34 芦苇使得阳台增添几分自然气息

至一块桌布、一束鲜花、几块鹅卵石都能为室内空间增添色彩和文化,传达主人的艺术品位和文化修养。(图 1-33)

埃及著名诗人法鲁克·朱威戴的一句话:"用平静的心灵看世界,利用淡淡的家具布局和婉转的室内造型把原有的空间净化,把气质和品味含蓄的表现出来。"(图 1-34)

四、时尚与创意

在时尚化的今天,除了在意境上的营造,饰材的搭配也很重要,合理的饰材取舍不但可以表达设计诉求,更能彰显和烘托意境,营造完美的空间体验。比如木质家具、绸缎、羊皮灯等是中式装饰的代表文化元素,它们既充满着含蓄清雅的气息和中国深厚的文化底蕴,却又不失现代都市的时尚,反而是现代派古典风格的最佳饰材。如:米兰设计师 Young Sang-Eun 设计了一个冷却碟,既可以放香槟,也可以放一些菜点,同时完成了两项晚餐时的任务。(图 1-35,图 1-36)

图 1-35　冷碟可单个使用也可组合使用　　　　图 1-36　传统及时尚的食品盛器

第二章 室内装饰材料

第一节 装饰材料概念

一、什么是装饰材料

室内装饰材料是指用于建筑物内部墙面、天棚、柱面、地面等的罩面材料。严格地说,应当称为室内建筑装饰材料。现代室内装饰材料,不仅能改善室内的艺术环境,使人们得到美的享受,同时还兼有绝热、防潮、防火、吸声、隔音等多种功能,起着保护建筑物主体结构,延长其使用寿命以及满足某些特殊要求的作用,是现代建筑装饰不可缺少的一类材料。

二、装饰材料的基本分类

1. 按用途

(1)基材:基材多用于完成装修工程的结构或用于饰面材料的基层。通常情况,多数基材在工程完工后被饰面材料覆盖是看不到的。

(2)面材(饰面材料):一般情况在装修工程完工后是可被视觉感知的,经常直接用于室内环境中空间界面的表面装饰。

2.按物理形态

装饰材料的自身形态也是人们划分、识别材料类型的方法,而且是在设计中极为实用的一种认识材料的方法,也是一种对装饰材料非常好的归纳。如:木方料和石方料、板材、管材、线材、卷材,特殊型材等。

3.按使用部位

在设计与施工中人们还经常根据装修施工工程中,材料使用位置的不同对装饰材料进行分类。常见的种类有天花吊顶材料、地面铺装材料、台面装饰材料、隔墙材料、室内墙面装饰材料、卫生间洁具、工艺装饰材料等。

4.按使用功能

根据材料的特殊使用功能进行的分类也是人们在室内设计与装修工程中常遇到的方法。如:保温隔热材料、防水材料、防火材料、吸音材料、密封材料、绝缘安全材料、粘接材料等。

5.按施工工种

在装饰工程施工管理中,经常根据材料的具体使用工种对装饰材料分类。主要把材料分为:木工材料、电工材料、瓦工材料、油工材料、水暖材料等。

6.按材料属性

利用材质属性进行装饰材料区分识别是最广泛采用的方法,涵盖的种类也最为齐全。如:木材类、石材类、陶瓷类、石膏类、矿棉类、水泥材质类、防火板类、玻璃类、马赛克类、金属类、墙纸类、皮革和织物类、油漆和涂料类、五金类等装饰材料。

三、室内装饰材料的基本特征

1.装饰性质

(1)颜色:是材料对光谱选择吸收的结果。如:红色、黄色给人一种温暖、热烈的感觉,蓝色、绿色给人一种宁静、清凉、寂静的感觉。(图2-1,图2-2)

图2-1 室内红色墙面装饰给人以温暖的感觉　　　　　图2-2 蓝色与绿色形成的冷色调

（2）光泽：是材料表面方向性反射光线的性质。材料表面愈光滑，则光泽度愈高；不同的光泽度可改变材料表面的明暗程度、扩大视野或造成不同的虚实对比效果。（图2-3，图2-4）

图2-3　白色亚光涂料涂饰的墙面和家具

图2-4　反光比较强的顶面和墙面材料

图2-5　高调透明的空间色彩效果

（3）透明性：是光线透过材料的性质。

利用不同的透明度可隔断或调整光线的明暗，造成特殊的光学效果，也可使物象清晰或朦胧。（图2-5）

2.表面组织

由于材料所有的原料、组成、配合比、生产工艺及加工方法的不同，使表面组织具有多种多样的特征：有细致的或粗糙的，有平整或凹凸的，也有坚硬或疏松的等。

人们通常需要或者利用装饰材料具有的特定的表面组织来处理和装饰空间，以达到一定特征的装饰艺术效果。（图2-6）

3.形状和尺寸

对于砖块、板材和卷材等装饰材料的形状和尺寸都有特定的要求和规格。除卷材的尺寸和形状可在使用时按需要剪裁和切割外，大多数装饰板材和砖块都有一定的形状和规格，如长方、正方、多角等几何形状，以便拼装成各种图

图2-6　根据不同的界面用不同表面组织的装饰材料

案和花纹。（图2-7）

4.平面花饰

装饰材料表面的天然花纹（如天然石材）、纹理（如木材）及人造的花纹图案（如壁纸、彩釉砖、地毯等）都有特定的要求以达到一定的装饰目的。（图2-8）

5.立体造型

装饰材料的立体造型包括压花（如塑料发泡壁纸）、浮雕（如浮雕装饰板）、植绒、

图2-7　墙面采用横向细纹装饰板材

雕塑等多种形式,这些形式的装饰大大丰富了装饰的质感,提高了装饰效果。(图2-9)

图2-8 采用天然大理石装饰墙体和地面

图2-9 采用浮雕艺术装饰空间主题

四、装饰材料的功能

1.装饰功能

装饰工程最显著的效果是达到装饰的美感。室内外各界面的装饰都是通过装饰材料的色彩、材质、形状来表现的,设计师通过对材料进行加工、创造来改进我们的生活空间,来弥补原有建筑空间设计的客观不足,营造出适合使用者希望达到的空间氛围和意境,以满足个人审美和意识形态上的意愿。(图2-10)

2.保护功能

建筑在经历过风吹、日晒、雨淋等自然条件和人为条件的影响下,会造成建筑的墙体、梁架等结构出现裂缝、脱落、腐蚀等现象,从而影响了室内空间的使用寿命。因此建筑装饰材料应具有较好的透气性、耐久性和能够调节空间的湿度。例如:浴室、手术室,墙面用瓷砖贴面,厨房、厕所做水泥墙裙或油漆或瓷砖贴面等。(图2-11)

3.使用功能

对于建筑内部空间使用功能各不相同,如:餐厅、会所、茶室、办公楼、学校等,装饰材料的选择也会不同,幼儿园材料的选择应以"无污染、易清理"为原则,尽量选择天然材料,中间的加工程序越少越好。如一些进口的儿童专用壁纸或高质量的墙壁涂料都符合这一原则,有害物质少、易擦洗。在KTV装饰材料中需要用到的一般是隔音材料、吸音材料、减振材料等减振吸音降噪材料,其隔音材料有:静馨隔音毡,石膏板或者硅酸钙板,实心砖等。其吸音材料常用的有:岩棉或者玻璃棉、穿孔板、软包等;KTV装饰材料中减振材料有:减振器、减振吊顶拉杆等。(图2-12)

五、室内装饰材料的发展

1.从天然材料向人造材料发展

图2-10 玻璃镜面在卫生间的装饰效果

图2-11 大理石对墙体的保护及装饰作用

图2-12 KTV空间装饰

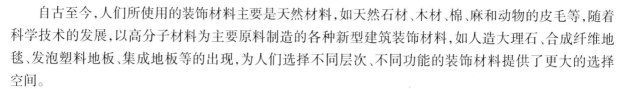

自古至今，人们所使用的装饰材料主要是天然材料，如天然石材、木材、棉、麻和动物的皮毛等，随着科学技术的发展，以高分子材料为主要原料制造的各种新型建筑装饰材料，如人造大理石、合成纤维地毯、发泡塑料地板、集成地板等的出现，为人们选择不同层次、不同功能的装饰材料提供了更大的选择空间。

2. 从单一性功能材料向多功能材料发展

对装饰材料而言，首要的功能是装饰效果。现在的新型装饰材料除了有装饰效果之外，还具有其他的功能，内墙饰面材料有保护墙体、吸引、防潮的作用。外墙装饰材料具有保温、隔热、隔声、防水等功能。

3. 从低档次向高档次发展

随着生活水平的提高，人们对空间环境有了新的要求，并推动着装饰材料向更高层次的发展。从家居环境而言，除了满足人们日常生活功能之外，更多的是追求时尚的功能空间和精神空间。大型的商业环境、星级宾馆、高级文化娱乐场所采用的装饰材料，则要求向更高品位的方向发展。

4. 绿色节能环保发展方向

如今绿色、节能、环保成为了当今装饰业的主流。随着绿色、节能、环保的理念提出，人们越来越热衷于无毒、无害、节能环保的装饰材料，特别是装修时必不可少的漆类装饰材料，例如不含甲醛、芳香烃的油漆涂料等。甲醛是一种含有剧毒的气态，其释放期长达3至15年，长期吸入这种气体对人体有很大危害，甚至可以致癌。经研究很多的漆类家具都含有甲醛。在满足物质条件的情况下人们会更多地注意到自然环境的发展以及自身的健康，环保装饰材料将会拥有广阔的发展空间。此外节材、节能、简易装饰材料也越来越受消费者的青睐，正和绿色环保材料一同进入装饰潮流。

5. 智能化发展方向

将材料和产品的加工制造同以微电子技术为主体的高科技嫁接，从而实现对材料及产品的各种功能的可控与可调，俨然成为装饰装修材料及产品的新的发展方向。"智能家居"从昨天的概念到今天的"智能家居"的产品问世，科技的飞速进步让一切都变得可能。"智能家居"可涉及照明控制系统、家居安防系统、电器控制系统、互联网远程监控、电话远程控制、网络视频监控、室内无线遥控等多个方面，有了这些技术的加盟，使装饰与物联网有机契合，人们可以轻松地实现全自动化的家居生活。

六、 装饰材料的选用原则

1. 功能性原则

在选用装饰材料时，首先应满足与环境相适应的使用功能。对于外墙应选用耐大气侵蚀、不易褪色、不易沾污、不泛霜的材料。地面应选用耐磨性、耐水性好，不易沾污的材料。厨房、卫生间应选用耐水性、抗渗性好，不发霉、易于擦洗的材料。

2. 安全性原则

建筑环境的质量直接影响着人们的身心健康，在选用装饰材料时，要处理好材料装饰效果和使用安全的矛盾，要优先选用环保型、天然的装饰材料和不燃或难燃、不易挥发有害气体等安全型材料。建筑空间环境不仅是人们活动的场所，而且合理的建筑环境可以美化生活，有益于身心健康，改善生活品位。

3. 装饰性原则

装饰材料的色彩、光泽、形体、质感和花纹图案等性能都影响装饰效果，特别是装饰材料的色彩对装饰效果的影响非常明显。因此，在选用装饰材料时要合理应用色彩，给人以舒适的感觉。例如：卧室、客房宜选用浅蓝或淡绿色，以增加室内的宁静感；儿童活动室应选用中黄、蛋黄、橘黄、粉红等暖色调，以适应儿童天真活泼的心理；医院病房要选用浅绿、淡蓝、淡黄等色调，以使病人感到安静和安全，以利于早日康复。

4. 耐久性原则

不同功能的建筑及不同的装修档次，所采用的装饰材料耐久性要求也不一样。尤其是新型装饰材料层出无穷,人们的物质精神生活要求也逐步提高,很多装饰材料都有流行趋势。因此,有的建筑装修使用年限较短,就要求所用的装饰材料耐用年限不一定很长。但也有的建筑要求其耐用年限很长,如纪念性建筑物等。

5. 经济性原则

一般装饰工程的造价往往占建筑工程总造价的 30%~50%,个别装修要求较高的工程可达60%~65%。因此,装饰材料的选择应考虑经济性:原则上应根据使用要求和装饰等级,恰当地选择材料;在不影响装饰工程质量的前提下,尽量选用优质价廉的材料;选用工效高、安装简便的材料,以降低工程费用。另外在选用装饰材料时,不但要考虑一次性投资,还应考虑日后的维修费用,有时在关键性问题上,宁可适当加大一次性投资,可以延长使用年限,从而达到总体上经济的目的。

室内装饰材料种类繁多,按照材料的属性可分为:木材类、石材类、陶瓷类、玻璃类、马赛克类、金属类、墙纸类、皮革和织物类、油漆和涂料类等装饰材料。在下面讲解中将按照材质的属性来分析室内的装饰材料。

第二节 装饰材料与形式美法则

室内设计是在以人为本的前提下,满足其功能实用,运用形式语言来表现题材、主题、情感和意境,材料的形式语言与形式美法则可通过以下方式表现出来。

一、对比

对比是艺术设计的基本定型技巧,把两种不同的材料、形体、色彩等作对照就称为对比。如方圆、新旧、大小、黑白、深浅、粗细等等。把两个明显对立的元素放在同一空间中,经过设计,使其既对立又谐调,既矛盾又统一,在强烈反差中获得鲜明对比,求得互补和满足的效果。(图 2-13)

二、和谐

和谐包含谐调之意。它是在满足功能要求的前提下,使各种室内物体的形、色、光、质等组合得到谐调,成为一个非常和谐统一的整体。和谐还可分为环境及造型的和谐、材料质感的和谐、

图 2-13 有材质对比装饰空间

图 2-14 有材和色彩均和谐的空间

色调的和谐、风格样式的和谐等等。和谐能使人们在视觉上、心理上获得宁静、平和的满足。(图 2-14)

三、对称

对称是形式美的传统技法,是人类最早掌握的形式美法则。对称又分为绝对对称和相对对称。上下、左右对称,同形、同色、同质对称为绝对对称。而在室内设计中采用的是相对对称。对称给人感受秩序、庄重、整齐即和谐之美。(图 2-15)

四、均衡

生活中金鸡独立,演员走钢丝,从力的均衡上给人稳定的视觉艺术享受,使人获得视觉均衡心理,均衡是依中轴线、中心点不等形而等量的形体、构件、色彩相配置。均衡和对称形式相比较,有活泼、生动、和谐、优美之韵味。(图 2-16)

图 2-15 立柱有对称的方式装饰

五、层次

一幅装饰构图,要分清层次,使画面具有深度、广度而更加丰富。缺少层次,则感到平庸,室内设计同样要追求空间层次感。如色彩从冷到暖,明度从亮到暗,纹理从复杂到简单,造型从大到小、从方到圆,构图从聚到散,质地的单一到多样等,都可以看成富有层次的变化。层次变化可以取得极其丰富的视角效果。(图 2-17)

图 2-16 均衡的空间装饰

图 2-17 利用材质和灯光使空间富有层次感

六、呼应

呼应如同形影相伴,在室内设计中,顶棚与地面桌面与其他部位,采用呼应的手法、形体的处理,会起到对应的作用。呼应属于均衡的形式美,是各种艺术常用的手法,呼应也有"相应对称""相对对称"之说,一般运用形象对应、虚实气势等手法求得呼应的艺术效果。(图 2-18)

七、延续

延续是指连续伸延。人们常用"形象"一词指一切物体的外表形状。如果将一个形象有规律地向上或向下,向左或向右连续下去就是延续。这种延续手法运用在空间之中,使空间获得扩张感或导向作用,甚至可以加深人们对环境中重点景物的印象。(图 2-19)

图 2-18 用相同材质和色彩的呼应来装饰空间

图 2-19 延续玻璃板装饰墙面

八、简洁

简洁或称简练。指室内环境中没有华丽的修饰和多余的附加物。以少而精的原则,把室内装饰减少到最小程度。以为"少就是多,简洁就是丰富"。简洁是室内设计中特别值得提倡的手法之一,也是十分流行的趋势。（图 2-20）

九、独特

独特也称特异。独特是突破原有规律,标新立异引人注目。在大自然中,"万绿丛中一点红,荒漠中的绿地",都是独特的体现。独特是在陪衬中产生出来的,是相互比较而存在的。在室内设计中特别推崇有突破的想象力,以创造个性和特色。（图 2-21）

图 2-20 简洁空间

图 2-21 独特的装饰空间效果

十、色调

色彩是构成造型艺术设计的重要因素之一。不同颜色能引起人视觉上不同的色彩感觉。如红、橙、黄温暖感很热烈,被称作暖色系;青、蓝、绿具有寒冷、沉静的感觉,称作冷色系。在室内设计中,可选用各类色调构成,色调有很多种,一般可归纳为"同一色调、同类色调、邻近色调、对比色调"等,在使用时可根据环境不同而灵活运用。（图 2-22）

第三节 装饰材料的种类

图 2-22 暖色调空间

一、装饰石材

不同的岩石有不同的化学成分、矿物成分和结构构造,目前有 2 000 多种岩石用作装修的石材,无论花岗岩还是大理石,都是指具有装饰功能和审美感,并且可以经过切割、打磨、抛光等应用加工的石材。

石材地面图案花纹绚丽、自然,色彩多样,装饰效果质朴、自然、舒畅,具有抗污染、耐擦洗、好养护等特点。装饰石材主要包括天然石材和人工石材两类。天然石材是一种具有悠久历史的建筑材料,主要分为花岗岩和大理石,经表面处理后可以获得优良的装饰性,对建筑物起保护和装饰作用。天然石材蕴藏量丰富,分布广,从它们形成的环境、成分上来看,可以分为沉积岩、岩浆岩和变质岩三种。现代建筑室内外装修工程中采用的天然饰面石材主要有大理石和花岗岩两大类。

1. 大理石

大理石是地壳中原有的岩石经过地壳内高温高压作用形成的变质岩。大理石主要由方解石、石灰石、蛇纹石和白云石组成。其主要成分以碳酸钙为主,约占 50% 以上。其他还有碳酸镁、氧化钙、氧化锰及二氧化硅等。

大理石依其抛光面的基本颜色,大致可分为白、黄、绿、灰、红、咖啡、黑色七个系列。每个系列依其抛光面的色彩和花纹特征又可分为若干亚类,如:北京房山汉白玉、辽宁丹东的丹东绿等。大理石的花纹、结晶粒度的粗细千变万化,有山水型、云雾型、图案型(螺纹、柳叶、文像、古生物等)、雪花型等。现代建筑是多姿多彩不断变化的,因此,对装饰用大理石也要求多品种、多花色,能配套用于建筑物的不同部位。

大理石的抗风化性能较差,不宜用作室外装饰,其中的二氧化硫会与大理石中的碳酸钙发生反应,生成易溶于水的石膏,使表面失去光泽,降低了装饰效果。颜色越鲜艳的大理石其辐射性越高,在室内宜选购一些浅颜色的,如白色、米黄色等,以减少辐射。(图 2-23)

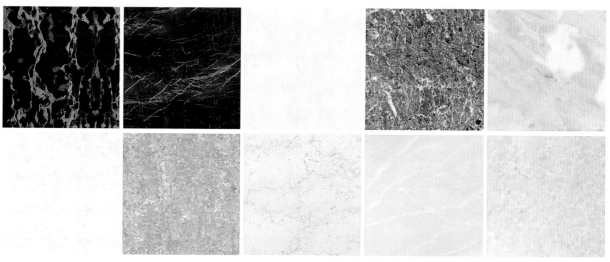

图 2-23　各种大理石色彩与纹样

2. 花岗岩

花岗岩是火成岩的一种,在地壳上分布最广,是岩浆在地壳深处逐渐冷却凝结成的结晶岩体,主要成分是石英、长石和云母。一般是黄色带粉红的,也有灰白色的。质地坚硬,色泽美丽。花岗岩质地坚硬致密、强度高、抗风化、耐腐蚀、耐磨损、吸水性低,美丽的色泽还能保存百年以上,是建筑的好材料,但它不耐热。花岗岩虽然是建筑的好材料,但是部份地区的花岗岩会溢出一种天然放射性气体,有危害人们健康的可能,不建议在室内装饰中多用。(图 2-24)

花岗岩按表面加工程度可分为:

(1) 细面板材(RB):表面平整、光滑的板材;

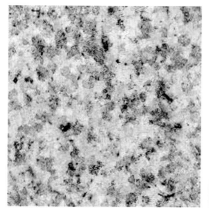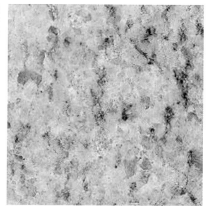

图 2-24　各种花岗岩的样式和花纹

（2）镜面板材（PL）：表面平整、具有镜面光泽的板材；

（3）粗面板材（RU）：表面平整、粗糙，具有较规则加工条纹的机刨板、剁斧板、锤击板、烧毛板等。同一批板材的色调花纹应基本调和。板材的抛光面应具有镜面光泽，能清楚地反映出景物。

花岗岩和大理石的常用规格为：300 mm×300 mm，400 mm×400 mm，600 mm×300 mm，600 mm×600 mm，900 mm×600 mm，1 070 mm×762 mm，305 mm×305 mm，610 mm×305 mm，610 mm×610 mm，915 mm×610 mm。

3. 其他装饰石材

（1）河卵石：是一种良好的天然建筑、装饰材料。在建筑中多用于墙体基础、围墙、挡土墙；在现代室内外环境中，铺于室内地面、柱面、墙面等处，颇有自然情趣，在装饰环境中，创造出别具一格的格调。（图2-25）

（2）太湖石：又名窟窿石、假山石，是一种石灰岩，有水、旱两种。其形状各异，姿态万千，通灵剔透的特征，通常布置公园、草坪、校园、庭院旅游景色等，有很高的观赏价值。（图2-26）

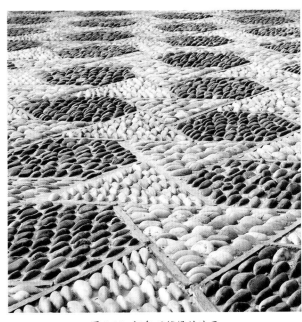

图2-25 河卵石铺设的地面

图2-26 太湖石

（3）青石板：属于沉积岩类（砂岩）。随着岩石埋深条件的不同和其他杂质如铜、铁、锰、镍等金属氧化物的混入，形成多种色彩。青石板是理想的建筑装饰材料，用于建筑物墙裙、地坪铺贴以及庭院栏杆（板）、台阶灯，具有古建筑的独特风格。（图2-27）

（4）文化石：文化石并不是一种单独的石材，它表达的是达到一定装饰效果的加工和制作方式。文化石吸引人的特点是色泽纹路能保持自然原始的风貌，加上色泽调配变化，能将石材质感的内涵与艺术性展现无遗。（图2-28）

4. 人造石

天然石材属不可再生资源，将某种石材的矿山资源开采尽之后，此种石材品种就基本灭绝了，而且天然石材的价格非常高，是普通装饰材料中最昂贵的一种。人造石学名称实体面材，它是以甲基丙烯酸甲酯（俗名压克力）、不饱和聚酯树脂（UPR）等有机高分子材料为基体，以天然矿石

图2-27 青板石

图2-28 文化石

粉、颗粒等为填料,加入颜料及其他辅助剂,经过真空浇铸或模压成型的高分子复合材料。

人造石材属资源循环利用的环保的利废产业,主要原料为天然石粉,完全是废物利用,节省资源。石粉经过加工处理后,对空气没有污染,它们可以做到无色差,也可仿制天然石材装饰材料的花纹,因其色差小,整体装饰效果好,具有重量轻、厚度薄、耐腐蚀、耐磨、抗污染和易清洁的特性,可以弯曲、易切割,有较好的加工性,可以拼接成不同的花形,装饰性很强。

在家居装饰方面,人造石材优越于一般传统建材所没有的耐酸、耐碱、耐冷热、抗冲击的特点,作为一种质感佳、色彩多的饰材,不仅能美化室内外装饰,满足其设计上的多样化需求,更能为建筑师和设计师提供极为广泛的设计空间,以创造空间,表达自然感觉。

人造文化石是采用高新技术把天然形成的每种石材的纹理、色泽、质感以人工的方法再现,效果极富原始、古朴的韵味,具有质地轻、色彩丰富、不霉、不燃、便于安装等特点。(图2-29)

人造复合石材由天然石材经过加工处理,粉碎后强化聚合而成的人造石材,是一种环保型的材料。其结构集有天然石材的坚韧、结实而全无毛细孔,更将木材的灵活设计和大理石的典雅特质集于一身。它不仅可以做成铺贴墙地面的高档砖料,也可作成洗碗盆、洗脸盆等各种形状,利用特有的同色合剂,可与同材质的台面连接而成一整体,接口光滑平顺。而且设计灵活,可依个别要求造出不同凡响的弧度与角度,颜色搭配亦随心所欲。此外,一般的污渍,可用清水或清洁剂清洗,亦可用细纱或百洁布轻擦,即能恢复光泽,近年来在家居室内设计装饰中深受欢迎,在未来的发展中大有成为家居装饰主流材料之势。(图2-30)

图2-29 各种人造文化石

图2-30 各种人造复合石材

二、装饰木材

木材是最传统的室内装饰材料之一。木材有温和、轻质、韧性强、细致富于变化的纹理及容易加工等多种独有特性。树木广泛生长于人类生活的各个地区，树种丰富，较容易利用，是一种丰富的自然资源。木材利用有着悠久的历史，木材成就了中国古代建筑的文明。人类把木材广泛的用于生产劳动，对木材的各种性能积累了大量的认知，对于木材的加工工艺有着非常丰富的经验，木材作为传统室内装饰材料在今天依然有着无可替代的作用。

不同树种的差异，以及特别的生长环境，使木材之间产生非常大的性能差异，也正是这种差异为人们提供了多样的材料选择。可列举的树种材质类型很多，可用于室内装饰材料的木材主要来自乔木。人们常用到的木材主要有：松木、柏木、杉木、榆木、槐木、杨木、柳木、枫木、柚木、橡木、桃木、楠木、花梨木、榉木、樟木、桦木等。根据需要选择不同的树种材质，可以用作支撑结构，也可以经过各种加工手段直接用于室内空间的表面装饰。人们在设计和施工中，可以把木材类装饰材料分做两个类别进行选择运用。

1. 原木材料

原木是按尺寸、形状、质量的标准规定或特殊规定截成一定长度的木段，这种木段称为原木。在建筑、家具、工艺雕刻及造纸等多方面都有很大用途。传统的木做工艺基本采用实木为原料，原木材料有利于传统木工艺技巧的传承，可以进行细致的各种加工制作。在高档装修工程中实木方料可以体现档次的重要材料，尤其是一些名贵的树种材料。原木材料是天然的环保材料，在今天，由于森林资源保护受到重视，木材大量使用受到一定限制，原木材料使用成本以及传统木作工艺成本的提高，使用新型替代材料是适应当代室内设计发展的需求。（图 2-31）

图 2-31 原木

2. 木材的分类与构造

树木的躯干及其较粗大枝条的次生木质部，由形成层分生所形成。按树木生长过程中形成层的发育程度，木材有幼龄材、成熟材、过熟材之分。按树木成长状况分为外长树和内长树；按材质分为软木材和硬木材（硬度共分6级）；按树叶外观形状分为针叶树与阔叶树。

木材的构造上由树根、树干、树枝和树叶（树冠）组成，树干由树皮、木质部和髓心组成。木质则是指心材和边材。设计师可以根据具体要求选择合适的木材部位进行使用加工。木材的切割方式有很多种，常用的有横切面、径切面、弦切面。

3. 木材的处理

（1）木材的干燥处理

木材在被采伐以后，所面临的重要一步就是干燥。这一步置关重要，因为它将直接影响木材制品的质量和性能。一般可采用人工干燥法和自然干燥法。

人工干燥：将木材密封在蒸气干燥室内，借蒸气促进水分蒸发，使木材干燥。干燥的程度最高可使木材含水量仅达 3%。但经过高温蒸发后的木质发脆失去韧性容易受到损坏而不利于雕刻。通常讲原木干燥的程度应保持在含水量 30% 左右。

自然干燥：将木材分类放置通风处（板材、方才或圆木），搁置成垛，垛底离地 60 cm 左右，中间留有空隙，使空气流通，带走水分，木材逐渐干燥。自然干燥一般要经过数年或数月，才能达到一定的干燥要求。

（2）木材的防腐处理

防腐处理木材是表面涂层或在压力下灌注化学品的木材,化学品可提高其抵御腐蚀和虫害的能力。防腐处理程序并不改变木材的基本特征,相反可以提高恶劣使用条件下木建筑材料的使用寿命。若有效工作,木材防腐剂必须按照已知的规范于受控条件下使用,这样可确保防腐保护木材使用良好。之所以可以很容易地对树种进行防腐处理是因为细胞生物学原理以及所采用的程序。但因树木品种实在太多,有些树种还是比较难进行加压处理。

4. 木材成型加工的基本操作

（1）锯割

利用带有齿形的薄钢带——锯条与木材的相对运动,使具有凿形或刀形锋利刃口的锯齿,连续地割断木材纤维,完成锯割操作。锯割分为开板、分解、开榫、锯肩、截断、下料等。主要工具有:木工手工锯、框锯（拐锯）、木工锯割机床、圆锯机等。（图2-32,图2-33）

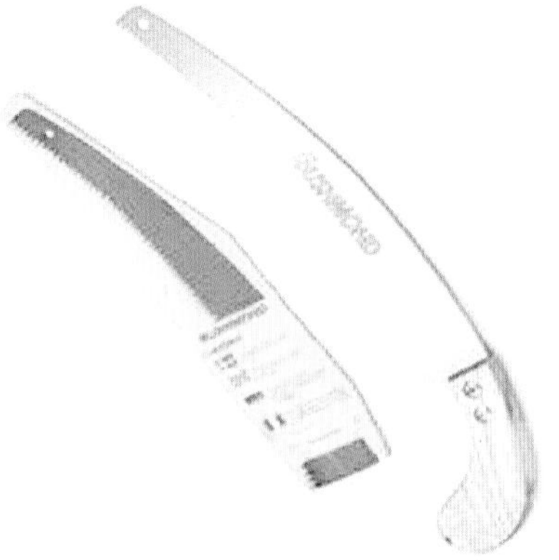

图2-32 板锯

图2-33 型材切割机

（2）刨削

利用与木材表面成一定倾角的刨刀的锋利刃口与木材表面的相对运动,使木材表面一薄层剥离,完成刨削加工。以达到尺寸和形状准确、表面平整光洁。主要机械有木工刨削机床、平刨、槽刨、边刨、铁刨、特形刨等。（图2-34,图2-35）

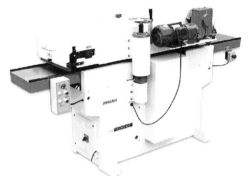

图2-34 槽刨

图2-35 木工刨削机床

三、基础板材与装饰板

1. 木工板（俗称大芯板）

木工板是具有实木板芯的胶合板,其竖向(以芯板材走向区分)抗弯压强度差,但横向抗弯压强度较高。现在市场上大部分是实心、胶拼、双面砂光、五层的细木工板,是目前装饰中最常使用的装饰基础板材之一。

木工板按厚度分有12 mm、15 mm、18 mm几种(行业俗称1.2、1.5、1.8)。门套、窗套多用12 mm,家具用18 mm的。按内部木板材质质量由高到低分为柳桉芯、杉木芯、杨木芯。柳桉材质硬,不易变形,是比较高档的装饰基材之一。(图2-36,图2-37)

图2-36 18 mm厚的木工板

图2-37 12 mm厚的木工板

2.复合板材

（1）刨花板

刨花板，是将各种枝芽、小径木、速生木材、木屑等物切削成一定规格的碎片，经过干燥，拌以胶料、硬化剂、防水剂等，在一定的温度、压力下压制成的一种人造板，因其剖面类似蜂窝状，所以称为刨花板。刨花板具有重量轻、握钉力强、防潮防水性好、不易变形等优点；它的缺点是不易做弯曲处理。优质刨花板与优质中密度板相比，刨花板的缺点是颗粒较大，对油漆、雕刻、吸塑等工艺来说应该使用中密度板。（图2-38，图2-39）

提 示

鉴别木工板质量有以下几种方法：

A. 看厚度（此方法同样可用于其他木质板材），如标厚1.8的木工板确确实实达到18 mm，基本上就可以断定是好板子了，南通市面上的板材极大部分厚度都不达标，1.8的板材稍好些的有17 mm，质次的只有1.6 cm甚至连1.6 cm都达不到。

B. 拎起木工板一角晃动：差的板材可以听到类似断裂声的"啪啪"音，好的则没有声音。另外还可看晃动幅度，好板的晃动幅度很小。因为有些板在未使用前，从外表看不出什么，而一旦锯开来，就可看见中间有空心部分，且混有杂木，这种板材极易变形，使用者要小心。

图2-38 刨花板截面厚度图示

图2-39 刨花板表面机理图示

（2）纤维板（又称密度板）

纤维板是以植物纤维为主要原料，经过热磨、施胶、铺装、热压成型等工序制成。纤维板有密度大

图2-40 各种纤维板

小之分,密度在 450 kg/m³ 以下的称低密度纤维板,密度在 450~800 kg/m³ 之间的称中密度纤维板(简称MDF),密度在 800 kg/m³ 以上的称硬质纤维板(简称 HDF)。密度板主要用于成品家具的制作,同时也用于强化木地板、门板、隔墙等。(图 2-40)

3. 装饰板材

装饰板材通常叫做饰面板,是一种人造板材。它是用多种专用纸张经过化学处理后,用高温高压胶合剂制成的热固性层积塑料,板面具有各种木纹或图案,光亮平整,色泽鲜艳美观,同时具有较高的耐磨、耐热、耐寒、防火等良好的物理性能。现在许多高级房舍的墙壁、屋顶,制作讲究的柜、橱、桌、床,精密仪器的工作台,实验室的实验台、电视机、收音机以及其他广播电讯设备的外壳,大都采用这种新型的装饰板。常用的饰面板有:沙比利、红胡桃、黑胡桃、红樱桃、白橡木、白枫、金丝柚、红檀等。(图 2-41)

图 2-41 各种装饰板

四、木地板

人类使用天然木材铺设地面已有几千年的历史,最初是以木质建筑、木制家具为主体的平托物,后来发现在众多的材料中只有木材的导热性适合人体温度,并且方便开采加工,于是以木材为主的地面铺设材料诞生了。在今天的装饰工艺中,地面铺设主要以木材为主,主要的木质板材地面可分为:实木地板、实木复合地板、强化木地板、负离子木地板,同时,还有一些其他材质的材料经过加工而制成的地板,如:竹地板、橡胶地板、亚麻地板、PVC 地板。

1. 实木地板 (包括实木集成地板)

实木地板是以木材为原料,经烘干、加工后形成的地面装饰材料,且从上到下是统一材料加工而成,属天然材料,具有合成材料无可替代的优点,实木地板材质较硬,缜密的木纤维结构,导热系数低,有阻隔声音和热气的效果。并且实木地板有木材特性,气候干燥时木材内部水分释出;气候潮湿,木材会吸收空气中水分,将居室空气湿度调节到人体较为舒适的水平。实木地板取自高档硬木材料,板面木纹秀丽,装饰典雅高贵,它呈现出的天然原木纹理和色彩图案,给人以自然、柔和、富有亲和力的质感。绝大多数品种,材质硬密,抗腐抗蛀性强,正常使用,寿命可长达几十年乃至上百年。但它也存在硬木资源消耗量大,铺装的要求较高,一旦铺装得不好,会造成一系列问题,诸如有声响等。如果室内环境过于潮湿或干燥时,实木地板容易起拱、翘曲或变形。铺装好之后还要经常打蜡、上油,否则地板表面的光泽很快就消失。实木地板一直都保持在较高价位,属于中高档消费产品。(图 2-42)

图 2-42 各种实木地板

实木地板型号一般有长条型和短小超薄型两种。前者不宜直接与地面粘合，要打龙骨或大芯板作底层；而后者可直接与地面粘接。

实木地板因材质的不同，其硬度、天然的色泽和纹理差别也较大，大致上有以下一些：

①柚木　主要产于东南亚的缅甸和泰国，木材黄褐色至深褐色，弦面常有深黑色条纹，表面触之有油性感觉，木材具有光泽，新切面带有皮革气味，是名贵的地板用材。

②柞木　主要产于中国的长白山及东北地区，木材呈浅黄色，纹理较直，弦面具有银光花纹，木质细密硬重，干缩性小，较适宜工薪阶层选用。

③水曲柳　主要产于中国的长白山区，材料性能较佳，颜色呈黄白色至灰褐色，木质结构从中至粗，纹理较直，弦面有漂亮的山水图案花纹，光泽强，略具蜡质感。

④其他　水曲柳、西南桦有较好的木纹，能获得良好的贴近自然的效果。柳安木、胡桃木色泽较理想，地面整体感很强。而康巴斯、木夹豆、红梅嘎等则色泽偏深、硬度高、比重大、组织较致密，可做成仿红木的地板。更高档的实木地板则有柚木、檀木、枫木、橡木、山毛榉、花梨木等，花纹、颜色、硬度都较理想，当然价格也较贵。

实木地板按表面加工的深度划分：一类是淋漆板，即地板的表面已经涂刷了地板漆，可以直接安装后使用；另一种是素板，即木地板表面没有进行淋漆处理，在铺装后必须经过涂刷地板漆后才能使用。由于素板在安装后，经打磨、刷地板漆处理后的表面平整，漆膜是一个整体，因此，无论是装修效果还是质量都优于漆板，只是安装比较费时。

2. 实木复合地板

实木复合地板是从实木地板家族中衍生出来的地板种类，是实木地板与强化地板之间的新型地材，它具有实木地板的自然文理、质感与弹性，又具有强化地板的抗变形、易清理等优点。实木复合地板一个最大的优点是加工精度高，表层、芯层、底层各层的工艺要求相对其他木地板高，因此结构稳定，安装效果好。此外，实木复合地板安装简便，一般情况下不用打龙骨。但是实木复合地板耐磨性不如强化复合地板，价

提　示

实木地板按加工工艺划分：

①企口实木地板（也称榫接地板或龙凤地板）：该地板在纵向和宽度方向都开有榫槽，榫槽一般都小于或等于板厚的1/3，槽略大于榫。绝大多数背面都开有抗变形槽。

②指接地板：由等宽、不等长度的板条通过榫槽结合、胶粘而成的地板块，接成以后的结构与企口地板相同。

③集成材地板（拼接地板）：由等宽小板条拼接起来，再由多片指接材横向拼接，这种地板幅面大、尺寸稳定性好。

④拼方、拼花实木地板：由小块地板按一定图形拼接而成，其图案有规律性和艺术性。这种地板生产工艺复杂，精密度也较高。

格偏高,结构复杂,质量差异较大。并且各层的板材均为实木而不像强化复合地板以中密度板为基材。

实木复合地板有三层的,五层的和多层的,不管有多少层,其基本的特征是各层板材的纤维纵横交错。通常均是将不同木种的实木单板或拼板依照纵横交错叠拼组坯,用环保胶粘贴,并在高温下压制成板,这样既抵消了木材的内应力,也改变了木材单向同性的特性,使地板变成各向同性,这就使木材的各向异性得到控制,因而稳定性相当好,不易变形、开裂,弥补了实木地板在这方面的不足。(图 2-43)

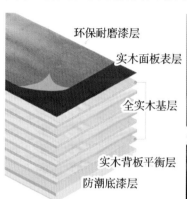
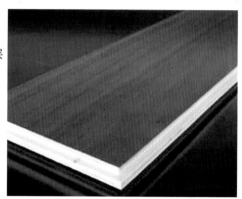

环保耐磨漆层
实木面板表层
全实木基层
实木背板平衡层
防潮底漆层

图 2-43 实木复合地板的组成示意

3. 强化木地板

学名为浸渍纸层压木质地板,强化木地板为俗称。强化木地板属于木材衍生材料,其结构像一块三明治,分为耐磨层、装饰层、基材层与防潮层四层。

耐磨层为最表层的透明层,其原材料的红蓝宝石本体,学名三氧化二铝(Al_2O_3)。装饰层,即肉眼所看到的地板表层亲切逼真的木纹装饰层。基材层又名中间层,由天然或人造速生林木材粉碎,经纤维结构重组高温高压成型。分高密度板、中密度板、刨花板。防潮层(不同的基材价格就会有不同密度,而密度高的就会相对贵一些)是地板背面表层,采用高分子树脂材料,胶合于基材底面。

强化木地板具有超强耐磨性能,具有较好的产品尺寸稳定性,抗冲击、耐污染、耐磨,具有较好的防潮、阻燃性能,适于地面采暖系统的铺装使用。强化地板的装饰层一般是由电脑摹仿,可仿真制作各类材种的木材花纹,甚至还可以摹仿石材以及创造出自然界所没有的独特图案,款式更加丰富。强化地板表层耐磨层具有良好的耐磨、抗压、抗冲击以及防火阻燃、抗化学品污染等性能。强化木地板目前主要有两种基材:一种是高密度纤维板,另一种是特殊形态的刨花板。基材密度越高,地板的力学性能、抗冲击性能越高。但其密度也不是越高越好,在同样条件下,基材密度越高其尺寸稳定性就受影响。(图 2-44)

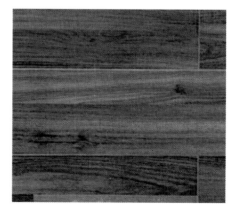

图 2-44 强化木地板

4. 负离子木地板

在普通强化木地板或复合木地板的基础下加工而成,继承了强化木地板耐磨、美观等优点。负离子木地板在地板的周围附着一层负离子素,它可以持续的把空气中的水变为负离子。负离子木地板不再释

放甲醛,并且分解甲醛,释放对人体有益的负离子,是强化木地板的升级产品。(图 2-45)

图 2-45 负离子木地板

负离子能净化空气,真正的负离子木地板会长期大量的产生负离子,其产生的负离子量能够净化周围的空气。负离子木地板要有一个标准,规定负离子木地板在安装后能够达到使居室空气中有害物下降的指标,即安装后空气中有害物甲醛的含量要比安装前少。

五、其他材质地板

1. 软木地板

软木地板是用橡树的树皮制成的,它也属于实木复合板材,被称为"地板的金字塔尖消费"。与实木地板相比,软木地板更具环保性,其隔音性、防潮性能更好一些,带给人极佳的脚感,而且不会腐烂。软木地板内部由蜂窝状的死细胞组成,细胞内充满了空气,形成一个个密闭的气囊,正是这种特殊的内在结构,使软木地板有着极强的韧性。这种构造不仅能使软木地板脚感更加舒适自然,还可减轻意外摔倒造成的伤害,特别适合铺装在儿童间和老人房。从安装上,软木地板要简单一些,这种地板运用了锁扣技术,充分保证了地板拼接的严密和平整,可直接采用悬浮式铺装法。

市场上销售的软木地板按工艺板材分为三种:

第一种是纯软木地板,厚度在 4~6 mm 之间,质地纯净,从花色上看非常粗旷、原始,没有固定的花纹,与人们平时熟知的条纹状地板有很大的不同,但由于结构的原因,花色虽多,区别并不明显。它的最大特点是用纯软木制成,其安装采用粘贴式,即用专用胶直接粘贴在地面上,施工工艺比较复杂,对地面的平整度要求也较高。与一般的实木地板的价位相当。

第二种是被称作软木静音地板,它是软木与强化地板的结合体,是在普通强化地板的底层增加了一层 2 mm 左右的软木层,它的厚度可达到 13.4 mm。当人走在上面时,最底层的软木可以吸收一部分声音,起到降音的作用。

第三种是软木地板,厚度可达到 11~13.8 mm 左右,有三层结构,表层与底层均为天然软木精制而成,中间层夹了一块带锁扣的中密度板,表层和底层经过特殊处理既有弹性又有强度,伸缩性和中密度板保持一致,极大增强了这种地板的稳定性。里外两层的软木可达到很好的静音效果,因为有足够的厚度,脚感也非常好。表层软木还涂有特制高级柔性漆,既能体现软木的质感,又能起到很好的保护作用。

软木地板按表面装饰材料共分五类:

第一类:软木地板表面无任何覆盖层,此产品是最早期的。

第二类:在软木地板表面作涂装。即在胶结软木的表面涂装 UV 清漆或色漆或光敏清漆 PVA。根据漆种不同,又可分为三种,即高光、亚光和平光。这是 20 世纪 90 年代的技术,此类产品对软木地板表面要求比较高,也就是所用的软木料较纯净。近年来,出现采用 PU 漆的产品,PU 漆相对柔软,可渗透进地板,不容易开裂变形。

第三类:PVC 贴面,即在软木地板表面覆盖 PVC 贴面,其结构通常为四层:

表层采用 PVC 贴面,其厚度为 0.45 mm;第二层为天然软木装饰层其厚度为 0.8 mm;第三层为胶结软木层其厚度为 1.8 mm;最底层为应力平衡兼防水 PVC 层,此层很重要,若无此层,在制作时当材料热固后,PVC 表层冷却收缩,将使整片地板发生翘曲。

第四类:聚氯乙烯贴面,厚度为 0.45 mm;第二层为天然薄木,其厚度为 0.45 mm;第三层为胶结软木,其厚度为 2 mm 左右;底层为 PVC 板与第三类一样防水性好,同时又使板面应力平衡,其厚度为 0.2 mm 左右。

第五类:塑料软木地板,树脂胶结软木地板、橡胶软木地板。用橡胶软木作地板,其弹性、吸振、吸声、隔声等性能也是非常好的,但通常橡胶有味,特种高级橡胶又不经济,而用 PU 或 PUA 高耐磨涂层作保护层便在性能和价格上都得到兼顾,因其能用于居室及室内运动场所而引人关注。胶结软木或橡胶软木作木地板的垫底层是既利用了软木的弹性、绝热、隔声降噪等性能,又为木地板建造了一层可靠的防潮层,简化了木地板的铺装工艺。但所用的软木材料必须是耐水和耐霉菌的。(图 2-46)

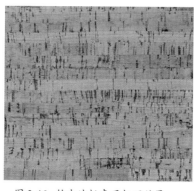

图 2-46 软木地板表面机理效果

2. 竹地板

竹材地板表面华丽高雅,脚感舒适,是一种以竹代木,减少木材消耗的理想材料。竹板拼接采用粘胶剂,施以高温高压而成。地板无毒,牢固稳定,不开胶,不变形。经过脱去糖份、脂肪、淀粉、蛋白质等特殊无害处理后的竹材,具有超强的防虫蛀功能。竹木地板耐磨、耐压、防潮、防火,它的物理性能优于实木地板,抗拉强度高于实木地板而收缩率低于实木地板,因此铺设后不开裂、不扭曲、不变形起拱。但竹木地板强度高、硬度强,脚感不如实木地板舒适,外观也没有实木地板丰富多样。它的外观是自然竹子纹理,色泽美观,顺应人们回归自然的心态,这一点又要优于复合木地板。因此价格也介乎实木地板和复合木地板之间。竹类属禾木科的竹亚科。竹子生长的最大特点是一次造林成功,即可行鞭出笋,年年砍伐,永续利用,而不破坏生态平衡坏境。由于竹子资源丰富,竹材地板在价格上也有一定的优势,高档竹材地板的价格仅相当于中低档木质地板的价格,而且竹材地板的硬度、弯曲强度和抗压强度约为木材的 2 倍以上,此外竹材地板具有适度弹性,可减少噪音且容易清洁。按其用材可分为全竹地板和竹木复合地板。全竹地板全部由竹材制成,竹木复合地板一般由竹材做面板,心板及底板则由木材或木材胶合板制成。地板表面光洁柔和,几何尺寸好,品质稳定,是住宅、宾馆和写字间等的高级装潢材料。但是竹地板性凉,有老人的家庭应慎重铺设。

竹材地板是一种较高档次和较高品味的装饰材料,近年来被广泛应用于家居、写字楼、宾馆及部分娱乐、体育运动场所的装修,深受国内外消费者的喜爱。从理论上说,一切通风干燥,便于维护的室内场所均可使用竹地板。竹地板安装也较方便,用悬浮式安装法即可。(图 2-47)

3. 橡胶地板

橡胶地板是天然橡胶、合成橡胶和其他成分的高分子材料所制成的地板。橡胶地板和 PVC 地板完全是两个概念。天然橡胶是指人工培育的橡胶树采下来的橡胶。丁苯、高苯、顺丁橡胶为合成橡胶,是石

图 2-47 竹地板

油的附产品。以橡胶为主要原料生产的分为均质和非均质的浮雕面、光滑面室内用橡胶地板。均质橡胶地板指以天然橡胶或合成橡胶为基础,颜色、组成一致的单层或多层结构硫化而成的地板;非均质橡胶地板指地板以天然橡胶或合成橡胶为基础,结构上包括有一耐磨层和其他在组成和设计上不同的压实层构成,压实层包含有骨架层。因为橡胶地板所有的材料都是无毒无害的环保材料及高分子环保材料,所以说橡胶地板是环保地板。(图 2-48)

　　橡胶地板铺设工艺:地基应干燥、清洁,表面平整,面层不得有空鼓。若需铺设找平层,找平层施工与铺设橡胶地板的时间差应不少于 28 天,以确保强度与地坪干燥。为确保大面积铺设效果,建议务必于铺设前在找平层上使用底油和自流平。底油用海绵滚浸湿,在地坪表面按顺序横竖交叉一遍无遗漏,均匀涂布,做到地坪表面无积水现象,然后封闭现场,1~2 小时后可进行自流平施工。橡胶地板铺设时应首先注意保持地板背部的箭头方向一致,然后根据地形和设计方案作拼接裁割。将地板按顺序翻起,清洁场地,刮胶通常采用地面刮胶的方法,针对材料选用适合的胶水和规定的刮齿,按顺序均匀刮于地面,视晾干时间适当方可粘贴。粘贴应按顺序轻推轻放,排出地板底部的空气,使用 50 kg 铁压辊按顺序辊压不遗漏,并及时修整翻边、翘角、离缝等现象。铺设后应及时清除多余胶水,然后做辅件的施工,例如焊缝、踢脚线等。(图 2-49)

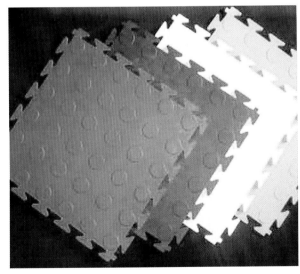

图 2-48　橡胶地板　　　　　　　　　　　图 2-49　橡胶地板铺设效果

4. 亚麻地板

亚麻地板是弹性地材的一种新型的地面材料,它的成分为:亚麻籽油、石灰石、软木、木粉、天然树脂、黄麻。天然环保是亚麻地板最突出的特点,它耐磨,不容易变色,防滑,在受压变形后回复能力好,防火。亚麻目前以卷材为主,是单一的同质透心结构。在使用中不释放甲醛、苯等有害气体,它含天然抗菌成分,色彩丰富,质感古朴自然、高贵典雅,具有极强的装饰效果。亚麻地板还具有良好的抗压性能和耐污性,桌椅轮辊重压,凹陷迅速复原,不留痕迹;皮鞋、轮辊划过,不留下难以去除的黑印。它适用的场所:高档医院、养老院、康复中心、幼儿园、办公楼、图书馆、博物馆、展览馆、高档酒店等场所。(图 2-50)

图 2-50 亚麻地板铺设效果

5. PVC 地板

PVC 地板是当今世界上非常流行的一种新型轻体地面装饰材料,也称为"轻体地材"。它是一种在欧美及亚洲的日韩广受欢迎的产品,风靡国外,从 20 世纪 80 年代初开始进入中国市场,至今在国内的大中城市已经得到普遍的认可,使用非常广泛,比如室内家庭、医院、学校、办公楼、工厂、公共场所、超市、商业、体育场馆等各种场所。"PVC 地板"就是指采用聚氯乙烯材料生产的地板。具体就是以聚氯乙烯及其共聚树脂为主要原料,加入填料、增塑剂、稳定剂、着色剂等辅料,在片状连续基材上,经涂敷工艺或经压延、挤出或挤压工艺生产而成。(图 2-51)

图 2-51 PVC 地板样　　　　　　　　　图 2-52 PVC 地板铺设效

PVC 从结构上分主要有复合体型和同质体型两种,另外还有一种是半同质体型。所谓复合型 PVC 地板就是说它是有多层结构的,一般是由 4~5 层结构叠压而成,一般有耐磨层(含 UV 处理)、印花膜层、玻璃纤维层、弹性发泡层、基层等。所谓同质体PVC地板就是说它是上下同质透心的,即从面到底,从上到下,都是同一种花色。

PVC地板从形态上分为卷材地板和片材地板两种。所谓卷材地板就是质地较为柔软的一卷一卷的地板,一般其宽度有1.5 m,1.83 m,2 m,3 m,4 m,5 m等,每卷长度有7.5 m,15 m,20 m,25 m等,总厚度有1.6~3.2 mm(仅限商用地板,运动地板更厚可达4 mm,5 mm,6 mm等)。片材地板的规格较多,主要分为条形材和方形材。

PVC地板从耐磨程度上分为通用型和耐用型两种。国内主要生产和使用的都是通用型PVC地板,一些人流量非常大的场所比如机场、火车站等需要铺设耐用型PVC地板,其耐磨程度更强,使用寿命更长,同时价格也更高昂。(图2-52)

PVC地板表面有一层特殊的经高科技加工的透明耐磨层,比强化地板更耐磨。表面特殊处理的超强耐磨层充分保证了地面材料的优异的耐磨性能,耐磨层的厚度及质量直接决定了PVC地板的使用时间。因为具有超强的耐磨性,所以在人流量较大的医院、学校、办公楼、商场、超市、交通工具等场所,PVC地板越来越受到欢迎。PVC地板质地较软所以弹性很好,在重物的冲击下有着良好的弹性恢复,卷材地板质地柔软弹性更佳,其脚感舒适被称之为"地材软黄金"。优异的PVC地板能最大限度的降低地面对人体的伤害,并可以分散对足部的冲击。PVC地板表层的耐磨层有特殊的防滑性,而且与普通的地面材料相比,PVC地板在粘水的情况下脚感更涩,更不容易滑到,即越遇水越涩。PVC地板的花色品种繁多,如地毯纹、石纹、木地板纹等,甚至可以实现个性化订制。纹路逼真美观,配以丰富多彩的附料和装饰条,能组合出绝美的装饰效果。PVC地板具有较强的耐酸碱腐蚀的性能,可以经受恶劣环境的考验,非常适合在医院、实验室、研究所等地方使用。PVC地板的导热性能良好,散热均匀,且热膨胀系数小,比较稳定。在欧美以及日韩等国家和地区,PVC地板是地暖导热地板的首选产品。它非常适合家庭铺装,尤其是中国北方寒冷地区。 PVC地板的保养非常方便,地面脏了用拖布擦拭即可。如果想保持地板持久光亮的效果,只需定期打蜡维护即可,其维护次数远远低于其他地板。但是PVC地板也有缺点,对于施工基础要求过高,也怕烟头烧伤。

PVC地板安装铺设流程:

首先进行自流平,充分搅拌直至水泥自流平成流态物,将自流平倒在施工地面,用耙齿刮板刮平、厚度约2 mm。自流平施工完后4小时内不得行人和堆放物品。根据设计图案、胶地板规格、房间大小进行分格、弹线定位。在基层上弹出中心十字线或对角线,并弹出拼花分块线。地板铺贴前按线干排、预拼并对板进行编号。地板安装前先将地面基层用毛扫或干毛巾擦抹一遍、洁除灰尘。将粘贴剂用齿形刮板均匀涂刷在基层面上、将板材由里向处顺序铺贴、一间或一个施工面铺好后用滚筒或推板加压密实。板材铺贴好以后进行板缝焊接。焊接前将相邻的两块板边缘切成v形槽,焊条采用与被焊板材成分相同的焊条、用温度调至180~250 ℃的热空气焊枪进行焊接。焊条冷却后用铲刀将高于板面多余的焊条铲切平整。

注意:在顶棚、墙面以及水、电、管道安装完毕,室内油漆、刷浆等完成,基层无空鼓、裂纹起砂、油污等方可进行PVC地板铺设。

六、装饰陶瓷

1. 陶瓷的概念

陶瓷是中国的伟大发明之一。

用黏土或主要粘土(尚有长石、石英等)的混合物,经成型、干燥、焙烧而成的制品,总称为陶瓷,也称烧土制品。它是装饰工程中最古老的装饰材料之一。中国陶瓷生产有着悠久的历史和光辉的成就,随着现代科学技术的发展,陶瓷在花色、品种、性能等方面都有巨大的变化,从传统的日用陶瓷、建筑陶瓷、电瓷发展到当今的氧化物陶瓷、压电陶瓷、金属陶瓷等特种陶瓷,为现代建筑装饰工程带来了越来越多具有实用性和装饰的优良材料。从20世纪80年代以来,中国从意大利、日本、德国等引进先进的陶瓷生产技术和设备,应用先进的生产工艺,陶瓷墙地砖年产量已超过 1 亿平方,被广泛用于各项建筑装饰工程中,成为陶瓷产品的主要生产国之一。

陶瓷的发展经历了漫长的过程,虽然所有的原料不同,但其基本生产过程都遵循着"原料处理—成型—煅烧"这种传统方式,因此,陶瓷可以被认为是使用传统的陶瓷生产方法制成的无机多晶产品。

2. 陶瓷砖的分类

陶瓷砖是一种地面装饰材料,也叫地板砖、瓷砖,厚度约 3 mm~10 mm,用黏土烧制而成,规格多种,质坚、容重小、耐压耐磨、能防潮。有的经上釉处理,具有装饰作用。这种地面耐磨、防滑、耐水、耐酸碱,自重比石料板地面小,广泛用于室内外地面。陶瓷板可烧制成各种色彩、质感和花纹,还可根据需要设计成方、长方、六角等形状,组合拼花。

在现代居室设计当中,由于瓷砖防水、防潮、耐磨、易清洁等特点,在装饰材料中充当着重要的角色。无论是在初期的单调,还是现在的种类繁多,它一直是人们对装修最直接的认识。地砖有各种阴角、阳角、压顶、腰线等异形构件供选用。

地砖常见尺寸、常用规格有:1 200 mm × 600 mm,1 000 mm × 1 000 mm,800 mm × 800 mm,600 mm × 600 mm,400 mm × 400 mm,330 mm × 330 mm,300 mm × 300 mm。

（1）釉面砖

砖坯表面经过烧釉处理的磁砖,共分两种。一种是陶制釉面砖,由陶土烧制而成,吸水率较高,强度相对较低,其主要特征是背面颜色为红色;另一种是瓷制釉面砖,由瓷土烧制而成,吸水率较低,强度相对较高,其主要特征是背面颜色为灰白色。

根据光泽的不同,釉面砖又可以分为光面釉面砖和哑光釉面砖两类。光面釉面砖,适合于制造"干净"的效果;哑光釉面砖,适合于制造"时尚"的效果。釉面砖是装修中最常见的砖种,色彩图案丰富,而且防污能力强。釉面砖容易出现以下问题,一是龟裂,龟裂产生的根本原因是坯与釉层间的应力超出了坯釉间的热膨胀系数之差,当釉面比坯的热膨胀系数大,冷却进釉的收缩大于坯体,釉会受到拉伸应力,当拉伸应力大于釉层所能承受的极限强度时,就会产生龟裂现象,俗称进瓷;二是背渗。不管哪一种砖,吸水都是自然的,但当坯体密度过于疏松时,就不仅是吸水的问题了,而是吸污的问题,一般是把水泥倒吸进表面来,倒吸的问题可以通过将磁砖提前泡水加以缓解。（图 2-53）

图 2-53 釉面砖

图 2-54 通体砖

（2）通体砖（同质地砖）

表面不上釉，而且正反两面的材质与色泽一致，通体砖是一种耐磨砖，虽然现在还有渗花通体砖等品种，但相对来说，其花色比不上釉面砖。由于目前的室内设计越来越倾向于素色设计，因此通体砖也越来越成为一种时尚，被广泛使用于厅堂、过道和室外走道等装修项目的地面。一般较少会使用于墙面，多数的防滑砖都属于通体砖。（图 2-54）

（3）抛光砖

通体砖坯体的表面经过打磨而成的一种光亮的砖，属于通体砖的一种。相对通体砖而言，抛光砖的表面要光洁得多。抛光砖坚硬耐磨，适合在除洗手间、厨房以外的多数室内空间中使用，在运用渗花技术的基础上，抛光砖可以做出各种仿石、仿木效果。（图 2-55）

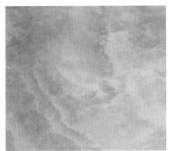

图 2-55 抛光砖

（4）玻化砖

玻化砖是一种强化的抛光砖，它采用高温烧制而成，质地比抛光砖更硬更耐磨，是所有瓷砖中最硬的一种。玻化砖的唯一缺陷就是防滑性较差，不宜用在卫生间和厨房，主要用于商业空间和居室客厅等。（图 2-56）

图 2-56 玻化砖

（5）马赛克

马赛克是一种用特殊方法制作的磁砖，一般由数十块小块的砖组成一个相对较大的砖。它小巧玲珑、色彩斑斓被广泛使用于室内小面积地面和墙面，以及室外大小幅墙面和地面，种类一般有：陶瓷马赛克、大理石马赛克、玻璃马赛克，以上三种质量、工艺、美观程度为最佳。（图 2-57）

选择地砖的时候，应该根据个人的爱好和居室的功能要求，根据实地布局，从地砖的规格、色调、质地等方面进行筛选。地砖的颜色和风格应和整体空间色系搭配。

地砖有着较高的含水率，在粘贴时必须考虑到这一特性。贴砖前基层应充分浇水湿润，瓷砖也应在

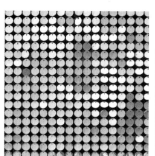

图 2-57 马赛克

水中浸泡至少20分钟后才可使用。否则,砂浆中的水分被干燥的瓷砖迅速吸收而快速凝结,会影响其黏结牢度,使水泥无法起到粘贴剂的作用。地砖由于有许多花色拼接,所以在铺设前需预铺,即按设计图排列不同花色砖的具体位置,铺设工艺同大理石铺设。

七、装饰玻璃

玻璃是一种较为透明的固体物质,由熔融物成型、冷却后而得到的非晶体固体,其分子在融入状态形成连续网格结构,冷却过程中黏度逐渐增大并硬化而不结晶的硅酸盐非金属材料。现代的玻璃是以石英、纯碱、长石、石灰石等物质为主要材料,在高温下熔融成型,经急冷制成的固体材料。在今天装饰材料的迅速发展下,玻璃由过去主要用于采光的单一功能向着装饰隔热、保温等多功能方向发展,已经成为一种重要的装饰材料。

1. 平板玻璃

平板玻璃是指未经其他加工的平板状玻璃制品,也称白片玻璃或净片玻璃。按生产方法不同可分为普通平板玻璃和浮法玻璃。平板玻璃是建筑玻璃中生产量最大、使用最多的一种,主要用于门窗,起采光(可见光透射比85%~90%)、围护、保温、隔声等作用,也是进一步加工成其他技术玻璃的原片。

平板玻璃是以石英、纯碱、长石、石灰石等物质为主要材料,在高温下熔融成型,经急冷制成的透明固体。目前,生产平板玻璃主要工艺有引拉法生产技术和复发生产技术。(图2-58)

图 2-58 平板玻璃

(1)引拉法玻璃

引拉法是将高温液体玻璃冷至较稠时,由耐火材料制成的槽子中挤出,然后将玻璃液体垂直向上拉起,经石棉辊成形,并截成规则的薄板。这种传统方法制成的平板玻璃容易出现波筋和波纹。引拉法生产的普通平板玻璃有 2 mm,3 mm,4 mm,5 mm 四类。引拉法生产的玻璃其长宽比不得大于 2.5,其中 2 mm,3 mm 厚的玻璃尺寸不得小于 400 mm×300 mm,4 mm、5 mm、6 mm 厚的玻璃不得小于 600 mm×400 mm。

(2)浮法玻璃

浮法工艺制造的平板玻璃表面平整,光学性能优越,不经过辊子成型,而是将高温液体玻璃经锡槽浮抛,玻璃液回流到锡液表面上,在重力及表面张力的作用下,摊成玻璃带,向锡槽尾部拉引,经抛光、拉薄、硬化和冷却后退火而成。浮法玻璃 3 mm,4 mm,5 mm,6 mm,8 mm,10 mm,12 mm(厚度)七类。浮法玻璃尺寸一般不小于 1 000 mm×1 200 mm,5 mm,6 mm(厚度)厚的最大可达 3 000 mm×4 000 mm。

普通平板玻璃在装饰领域主要用于装饰品陈列、家具构造门窗等部位,起到透光、挡风和保温作用。平板玻璃要求无色,并具有较好的透明度,表面应光滑平整,无缺陷。

平板玻璃规格使用说明：

A\3 厘玻璃主要用于画框表面。

B\5~6 厘玻璃主要用于外墙窗户、门扇等小面积透光造型等等。

C\7~9 厘玻璃主要用于室内屏风等较大面积但又有框架保护的造型之中。

D\9~10 厘玻璃,可用于室内大面积隔断、栏杆等装修项目。

E\11~12 厘玻璃,可用于地弹簧玻璃门和一些活动人流较大的隔断之中。

F\15 厘玻璃以上,用于室内外防爆、防火、抗压等特殊构造。(图 2-59)

2. 钢化玻璃

钢化玻璃也称强化玻璃,它是以普通平板玻璃或浮法玻璃或彩色玻璃为原片,利用加热到一定温度后迅速冷却的方法或化学方法进行特殊处理使强度大大提高的一种玻璃。

钢化玻璃具有抗冲击强度高(比普通平板玻璃高 4~5 倍)、抗弯强度大(比普通平板玻璃高 5 倍)、热稳定性好以及光洁、透明、可切割等特点。在遇超强冲击破坏时,碎片呈分散细小颗粒状,无尖锐棱角,故又称安全玻璃。

钢化玻璃按形状分为平面钢化玻璃和曲面钢化玻璃。平面钢化玻璃厚度有 4 mm,5 mm,6 mm,8 mm,10 mm,12 mm,15 mm,19 mm 八种,曲面钢化玻璃厚度有 5 mm,6 mm,8 mm 三种。(图 2-60)

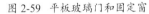
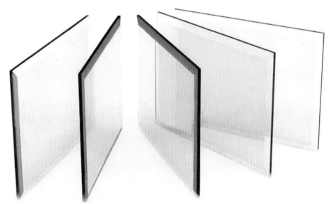

图 2-59 平板玻璃门和固定窗　　　　　　　　图 2-60 各种钢化玻璃

钢化玻璃用途很多,主要用于玻璃幕墙、无框玻璃门窗、弧形玻璃家具等方面。还有些家电制造行业如电视机、烤箱、空调、冰箱等产品以及电子、仪表行业(手机、MP3、MP4、钟表等多种数码产品)、汽车制造行业(汽车挡风玻璃等)、日用制品行业(玻璃菜板等)。(图 2-61,图 2-62,图 2-63)

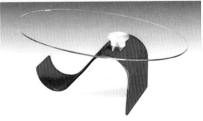

图 2-61 钢化玻璃窗　　　　图 2-62 弧形钢化玻璃家具　　　　图 2-63 钢化玻璃菜板

3. 磨砂玻璃

磨砂玻璃又称毛玻璃、暗玻璃。用普通平板玻璃经机械喷砂、手工研磨或氢氟酸溶蚀等方法将表面处理成均匀表面制成。由于表面粗糙,使光线产生漫反射,透光而不透视,它可以使室内光线柔和而不刺目。磨砂玻璃常用于需要隐蔽的浴室、卫生间、办公室的门窗及隔断。使用时应将毛面向窗外,同时磨砂玻璃也可用于餐具、装饰灯罩等。(图 2-64,图 2-65,图 2-66,图 2-67)

图2-64 门厅的磨砂玻璃隔断

图2-65 办公室磨砂隔断

图2-66 磨砂玻璃餐具

图2-67 磨砂玻璃灯

4. 压花玻璃

压花玻璃又称花纹玻璃或滚花玻璃,它是采用连续压延法生产的。在生产过程中,压花玻璃有花纹的一面,用气溶胶法对玻璃表面进行喷涂处理可将玻璃着成淡黄色、黄色、淡蓝色、橄榄色等多种色彩。经气溶胶喷处理的压花玻璃,不但能产生多种颜色、立体感丰富的玻璃,且可提高玻璃强度50%~70%。

压花玻璃可分为一般压花玻璃、真空镀镆压花玻璃、彩色膜压花玻璃等。

(1)压花玻璃的表面(一面或两面)压有深浅不同的各种花纹图案。由于表面凹凸不平,所以当光线通过时即产生漫射,因此从玻璃的一面看另一面的物体时,物像就模糊不清,造成这种玻璃透光不透明的特点。另外,压花玻璃由于表面具有各种花纹图案,所以它具有良好的艺术装饰效果。(图2-68)

(2)真空镀膜压花玻璃是经真空镀膜加工而成。采用此方法加工制成的压花玻璃,给人的视觉产生一种素雅、美观、清新的感觉。花纹的立体感较强,并具有一定的反光性能,是一种良好的内部装饰材料。(图2-69)

(3)彩色膜压花玻璃是采用有机金属化合物和无机金属化合物进行热喷涂而成,彩色膜的色泽、坚固性、稳定性均较其他压花玻璃优越。这种玻璃具有较好热反射能力,而且花纹图案的立体感比一般的

压花玻璃和彩色玻璃更强,给人一种富丽堂皇与华贵的感觉,也是一种艺术享受。配置一定灯光,装饰效果更佳,是各种公共设施如:宾馆、饭店、餐厅、酒吧、浴池、游泳池、卫生间等内部装饰和分隔的好材料,而且可以用来加工屏风、台灯等工艺品和日用品。（图 2-70）

图 2-68 一般压花玻璃

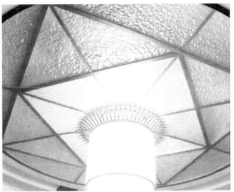
图 2-69 真空镀膜压花玻璃

图 2-70 彩色膜压花玻璃

5. 雕花玻璃

雕花玻璃又称雕刻玻璃,是在普通平板玻璃上,用机械或化学方法雕刻出图案或花纹的玻璃。雕花图案透光不透形,立体感强,层次分明。雕刻玻璃分为人工雕刻和电脑雕刻两种,其中人工雕刻利用娴熟刀法的深浅和转折配合,更能表现出玻璃的质感,使所绘图案予人呼之欲出的感受。（图 2-71）

雕花玻璃主要用于酒店大堂、宾馆的门窗和背景墙装饰,可配合喷砂效果来处理,图案、色彩丰富。雕刻玻璃是家居装修中很有品位的一种装饰玻璃,所绘图案一般都具有个性"创意",反映着居室主人的情趣所在和追求。（图 2-72）

图 2-71 雕花玻璃

图 2-72 雕花玻璃家具

6. 夹层玻璃

夹层玻璃,就是在两块玻璃之间夹进一层以聚乙烯醇缩丁醛为主要成分的 PVB 中间膜。玻璃即使碎裂,碎片也会被粘在薄膜上,破碎的玻璃表面仍保持整洁光滑。这就有效防止了碎片扎伤和穿透坠落事件的发生,确保了人身安全。在欧美,大部分建筑玻璃都采用夹层玻璃,这不仅为了避免伤害事故 还因为夹层玻璃有极好的抗震入侵能力,中间膜能抵御锤子、劈柴刀等凶器的连续攻击,能在相当长时间内抵御子弹穿透,其安全防范程度可谓极高。

夹层玻璃的主要特性是安全性好,当受到外力撞击时,由于中间层有吸收冲击的作用,可阻止冲击物穿透,即使玻璃受到冲击,也只产生类似蜘蛛网状的细碎裂纹,其碎片牢固地粘在中间层上,不会脱落四散伤人,并可继续使用直到更换。同时它还具有防盗性、隔音性、防紫外线性能和节能等特殊功能。

夹层玻璃的品种是由组成夹层玻璃的层数、原片玻璃的种类、胶片的种类及层数决定的,不同玻璃的品种、不同的胶片品种及层数形成不同的夹层玻璃。例如:按形状分类有平面夹层玻璃、曲面夹层玻璃;按玻璃单片分类有普通夹层玻璃、钢化夹层玻璃。(图 2-73)

夹层玻璃厚度一般为 8~25 mm,规格为 800 mm × 1 000 mm,850 mm × 1 800 mm。夹层玻璃多用于与室外接壤的门窗、幕墙,起到隔声、保温的作用,也可用在有防爆、防弹要求的汽车、火车、飞机等运输工具上,近几年来多用于高层建筑、银行等特殊场合。(图 2-74)

图 2-73　夹层玻璃

图 2-74　夹层玻璃楼梯

7. 中空玻璃

中空玻璃由美国人于 1865 年发明,是一种良好的隔热、隔音、美观适用,并可降低建筑物自重的新型建筑材料,由两层或多层平板玻璃构成。中空玻璃四周用高强高气密性复合粘结剂,将两片或多片玻璃与密封条、玻璃条粘接、密封,中间充入干燥气体,框内充以干燥剂,以保证玻璃片间空气的干燥度。

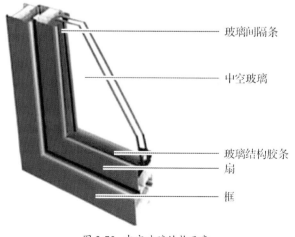

玻璃间隔条

中空玻璃

玻璃结构胶条

扇

框

图 2-75　中空玻璃结构示意

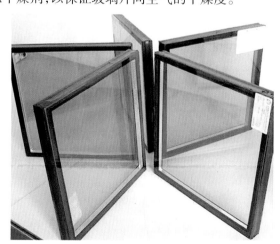

图 2-76　中空玻璃窗

中空玻璃可以选用各种不同性能的玻璃原片,可采用平板玻璃、夹层玻璃、压花玻璃、吸热玻璃、镀膜热反射玻璃、钢化玻璃等经胶结、焊接或熔接而制成。

中空玻璃的玻璃与玻璃之间,留有一定的空腔。中空玻的两层间距一般为 8 mm,其夹层 8 mm 厚的间距空间必须填充惰性气体氩和氪。充填后,检测显示其 K 值(传热系数极限值)同比真空状态下,还可下降 5%,这就意味着保温性能更好。(图 2-75)

中空玻璃主要用于需要采暖、空调、防止噪音或结露以及需要无直射阳光和特殊光的建筑物上,广泛应用于住宅、饭店、宾馆、办公楼、学校、医院、商店等需要室内空调的场合,也可用于火车、汽车、轮船、冷冻柜的门窗等处。(图 2-76)

8.彩釉玻璃

彩釉玻璃又俗称彩色釉面玻璃。它是将无机釉料(又称油墨),印刷到平板玻璃表面,然后经烘干、钢化或热化加工处理,将釉料永久烧结于玻璃表面而得到一种耐磨、耐酸碱的装饰性玻璃产品,这种产品具有很高的功能性和装饰性。它有许多不同的颜色和花纹,如条状、网状和电状图案等等,也可以根据客户的不同需要另行设计花纹。(图 2-77)

彩釉表面并不会影响其他工序的进一步复合加工,所以彩釉夹层玻璃、彩釉中空、彩釉镀膜等品种玻璃也很普遍,早已大量被使用,这极大地扩大了彩釉玻璃的使用范围。

彩釉玻璃色彩丰富图案多样,其颜色、图案均可按客户要求定做,使用范围广泛,其色泽稳定,耐老化、抗酸碱、不褪色,装饰效果突出。同时还能够吸收、反射部分太阳热能,遮阳效果明显。选择不同热处理可得到不同功能的玻璃产品,彩釉玻璃还可进一步进行镀膜、夹层、中空等复合加工,附加更多功能和效果,不单单只有平面彩釉,也可生产弯形的彩釉玻璃。(图 2-78)

图 2-77 彩釉玻璃

图 2-78 彩釉玻璃花瓶

9.玻璃砖

玻璃砖是用透明或颜色玻璃制成的块状、空心的玻璃制品或块状表面施釉的制品,其品种主要有玻璃空心砖、玻璃饰面砖及玻璃锦砖等。

一般而言,玻璃砖可分为以下两种:

(1)空心玻璃砖

空心玻璃砖是以烧熔的方式将两片玻璃胶合在一块,再用白色胶搅和水泥将边隙密合,可依玻璃砖的尺寸、大小、花样、颜色来做不同的设计表现。在花样方面可选择透明玻璃砖、雾面玻璃砖或有纹路玻璃砖,如何选择取决于空间所需的采光程度。玻璃砖的种类不同,光线的折射程度也会有所不同的。在颜色上的选择,视空间色彩的表现而定。一般透明的玻璃砖,如果纯度不够,其玻璃砖色会呈绿色,缺乏自然透明感。因此,玻璃的纯度是会影响到整块砖的色泽,纯度越高的玻璃砖,相对的价格也就越高。(图2-79)

(2)手工艺术玻璃

手工艺术玻璃不但拥有极佳的透光性,而且其手工制作的独特性及色彩的变化性,可为居家装饰加分不少。手工艺术玻璃的厚度比空心玻璃薄,约为2 cm左右,装饰性成份更高,能营造出良好的采光变化效果。手工艺术玻璃可广泛应用于墙面、门板的装饰,或灯墙、嵌灯的变化,其材质有别于一般以金属或其他材质所制成的装饰品,以细致的手工表现出均匀柔和之光源,提供视觉舒适的最佳选择及高质感环境。(图2-80)

图 2-79 玻璃砖隔断

图 2-80 手工艺术玻璃

一般居室空间都不希望有黑房间(没有光线的房间)的出现,即使走道也希望有光线。选用玻璃砖,既有区隔作用,又可把光引领入内,且有良好的隔音效果。通常玻璃砖可应用于外墙或室内间隔,提供良好的采光效果,并有延续空间的感觉。不论是单块镶嵌使用,还是整片墙面使用,皆可有画龙点睛之效。

八、壁纸织物

在室内装饰中它属于软装饰材料部分,主要有窗帘、地毯、壁挂,卧室内的被套、床单、毛毯、枕巾、枕套等,是对室内的二度陈设与布置。伴随人们生活水平的提高,单纯的功能性空间已满足不了人们的精神追求,在某个空间内将家具陈设、家居配饰、家居软装饰等元素通过完美设计手法将所要表达的空间意境呈现在整个空间内,使得整个空间满足人们的物质追求和精神追求。下面主要突出壁纸、地毯、布艺窗帘三类饰物。

1. 壁纸

墙纸,也称为壁纸,它是一种应用相当广泛的室内装饰材料。因为墙纸具有色彩多样、图案丰富、豪华气派、安全环保、施工方便、价格适宜等多种其他室内装饰材料所无法比拟的特点,故在欧美、东南亚、日本等发达国家和地区得到相当程度的普及。在中国的唐朝时期,就有人在纸张上绘图来装饰墙面。18世纪中叶,英国人莫利斯开始大批量生产印刷壁纸有了现代意义上的壁纸。

壁纸类型主要有PVC壁纸、硅藻土壁纸、无纺布壁纸、纯纸壁纸、液体壁纸、日本和纸、云母片墙纸、银箔墙纸和墙布等。

（1）PVC壁纸

PVC是高分子聚合物，用这种材料做成的装饰墙面的壁纸，就是PVC壁纸。PVC壁纸有一定的防水性，施工方便。表面污染后，可用干净的海绵或毛巾擦拭。

其表面主要采用聚氯乙烯树脂，主要有以下三种：

①普通型　以80 g/m²的纸为纸基，表面涂敷100 g/m² PVC树脂。其表面装饰方法通常为印花、压花或印花与压花的组合。

②发泡型　以100 g/m²的纸为纸基，表面涂敷300 g/m²~400 g/m²的PVC树脂。按发泡倍率的大小，又有低发泡和高发泡的分别。其中高发泡壁纸表面富有弹性的凹凸花纹，具有一定的吸声效果。

③功能型　其中耐水壁纸是用玻璃纤维布作基材，可用于装饰卫生间、浴室的墙面；防火壁纸则采用100~200g/m²的石棉纸为基材，并在PVC面材中掺入阻燃剂。（图2-81）

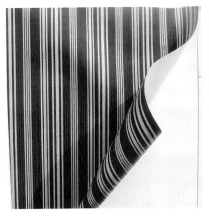

图2-81　PVC壁纸

（2）硅藻土壁纸

硅藻土是由生长在海、湖中的植物遗骸经百万年变迁形成的，其表面有无数的细孔，具有独特的调湿、保湿、透气、防霉、除臭的功效。因为它的物理吸附作用和氧化分解作用，可以有效去除空气中的游离甲醛、苯、氨、VOC等有害物质以及宠物的替臭、抽烟和糊口垃圾产生的异味。

硅土壁纸表面由自然的硅藻土细小颗粒构成，纸面粗拙、硬脆、易折断，污染后表面污物不易清除，故建议使用机器上胶，并使用保护带，以避免胶水溢到壁纸表面。此外也可以考虑采用墙面上胶的方法进行施工。（图2-82）

（3）无纺布壁纸

无纺布壁纸又叫布浆纤维或木浆纤维，是目前国际上最流行的新型绿色环保壁纸材质，以棉麻等自然植物纤维经无纺成型的一种壁纸。无纺布壁纸不含任何聚氯乙烯、聚乙烯和氯元素，完全燃烧时只产生二氧化碳和水。无

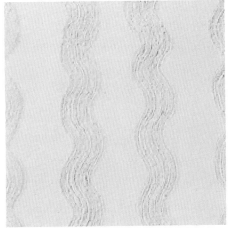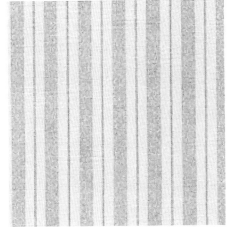

图2-82　硅藻土壁纸　　　　图2-83　无纺布壁纸

化学元素燃烧时产生浓郁黑烟和刺激气息。其视觉效果和手感柔和，透气性好。

无纺布壁纸由于采用自然材质，可能会有渐进的色差，属正常现象，而非产品质量问题。施工时须留

意,在施工前将每卷壁纸多次对比,看是否有色差。一卷一卷的打开裁剪,每卷的最后一幅在上胶前应与下一卷的第一幅再做比较,发现问题,及时联系上游供货商。切记不可全部上墙后才发现问题。单色壁纸可以考虑调头搭边裁缝贴,接缝效果会更好。施工时建议采用保护带,以防胶水溢到表面污染壁纸表面。如不慎溢胶,不要擦拭,用干净的海绵或毛巾吸试。假如用的是纯淀粉胶,也可等胶完全干透后用毛刷轻刷。(图 2-83)

(4)液体壁纸

壁纸漆是一种墙面艺术涂料,又称"液体壁纸""水性壁纸""墙艺漆"等,是集壁纸和乳胶漆优点于一身的环保水性涂料。它由专业的施工人员,通过专用的施工工具施工到墙面上,可根据装修者的意愿创造不同的视觉效果,既克服了乳胶漆色彩单一、无层次感的缺陷,也避免了壁纸易变色、翘边、有接缝等缺点。该涂料适合住宅、酒店、办公楼、医院、学校等大型建筑物内墙的墙面、天花、石膏板及木间隔的装饰。(图 2-84)

墙艺漆的个性化图案,错落有致的纹理,典雅华丽的质感,任意调配的色彩,把墙身涂料从人工合成的平滑型时代带进天然环保型凹凸涂料的全新时代,满足了多样化的装饰效果,且该产品具有多功能性,如防霉、防辐射、防紫外线等特点,各项性能指标更趋合理,如光泽度、渗透性、防潮透气性能、耐热、抗冻性能、附着力等都较传统性涂料有所提高。

在现代家庭室内装饰时,色彩的搭配非常关键,墙壁占有很大的空间,色彩搭配好,就会使居室既优雅又富有情趣,从而创造舒适、雅致、温馨的家庭氛围。墙艺漆通过各类特殊工具和技法配合不同的上色工艺,使墙面产生各种质感纹理和明暗适度的艺术效果,是目前最新一代墙面装饰材料。其丰富的表现手法,多彩的装饰效果,成为现代空间必不可少的装饰元素,在中、高端的装饰市场极具竞争优势,深受设计师和业主的喜爱。

(5)日本和纸

古代中国所发明的"纸"通过高丽传到了日本后,以日本独特的原料和制作方法产生了具有日本文化特色的纸张——和纸。

日本和纸同榻榻米一样,在日本从古至今一直被沿用,被世人尊称为"纸中之王"。和纸柔软、轻便、木纹粗,它比一般的纸更结实耐用。它如同中国的宣纸,是手工抄出来的。日本现存最早的和纸距今有1 300 年,仍然表现出昔日的光泽,其耐用程度和强大的生命力令人叹为观止。

图 2-84 液态壁纸

图 2-85 日本和纸

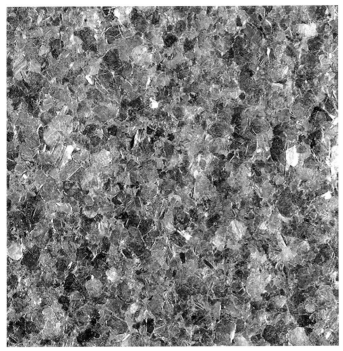

图 2-86 云母片壁纸

图 2-87 银箔壁纸

和纸墙纸是在传统工艺的基础上,利用现代化的抄纸机器抄成。表面具有防污性、防火性,色泽统一,基本上看不到斑点。由于采用天然材质,不含任何有害物质,能针对居家房间湿度的变化,吸湿、放湿,也不会因光照而变色,具有手工抄纸的优秀品质。(图 2-85)

(6)云母片墙纸

云母是一种含有水的层状硅酸盐结晶,具有极高的电绝缘性、抗酸碱腐蚀性,有弹性、韧性和滑动性,耐热、隔音,同时还具有高雅的光泽感。因为以上特性,所以说云母片墙纸是一种优良的环保型室内装饰材料,表面的光泽感造就了它高雅华贵的特点。(图 2-86)

(7)金银箔墙纸

此类墙纸的面层以金箔、银箔、铜箔仿金,铝箔仿银为主,具有光亮华丽的效果。金属箔的厚度为

图 2-88 墙布

0.006~0.025 mm。一般工艺比较复杂,有的甚至需要经过几十道工艺而成。(图 2-87)

(8)墙布

面层以高强度树脂为原材料,具有耐擦洗、抗摩擦、阻燃、防水的特点。底层以网格布或无纺布为主,适合高端的酒店、公寓、别墅、私人会所等地方的公共区域使用,如:过道、大堂、洗手间等地方。(图 2-88)

2. 地毯

地毯是室内地面铺设的常用材料之一,是以棉、麻、毛、丝、草等天然纤维或化学合成纤维类原料,经手工或机械工艺进行编结、栽绒或纺织而成的地面铺敷物。地毯能起到很好的隔热、保温、吸声、防滑作用,同时地毯以其独有的质感和艺术特性使室内环境高贵华丽、赏心悦目。所以说地毯既具有实用价值,又具有极佳的装饰效果。

(1)当下地毯的种类很多,按地毯材质分类有:

①纯毛地毯　纯毛地毯即羊毛地毯，是以粗绵羊毛为主要原料制作而成的。其质地厚实、经久耐用，且装饰效果极佳，但容易生虫，打理成本较高。（图 2-89）

②混纺地毯　混纺地毯是以羊毛纤维与合成纤维混纺而成的地面装修材料。混纺地毯中因掺有合成纤维，所以价格较低，使用性能有所提高。混纺地毯同时还克服了纯毛地毯不耐虫蛀和易腐蚀等缺点，在弹性和脚感方面又优于化纤地毯。（图 2-90 ）

图 2-89　纯毛地毯

图 2-90　混纺地毯

③化纤地毯　也叫合成纤维地毯，如聚丙烯化纤地毯、丙纶化纤地毯、睛纶（聚乙烯睛）化纤地毯、尼龙地毯等。它是用簇绒法或机织法将合成纤维制成面层，再与麻布底层缝合而成。化纤地毯外观和手感与纯毛地毯相似，不仅耐磨而且富有弹性，是目前用量最大的中、低档地毯。

化纤地毯的家用地毯装饰效果主要取决于地毯表面结构、地毯的形式，表面结构不同，特点各异。起绒（粗绒）地毯，特点手工地毯是数根绒紧密相集，产生小结块效应，地毯非常结实，适用于交通频繁的场

图 2-91　化纤地毯

图 2-92　塑料地毯

所使用。（图 2-91）

④塑料地毯　采用 PVC 树脂、增塑剂等多种辅助材料,经处理后塑制而成的轻质地毯。塑料地毯质地柔软、色彩鲜艳、经久耐用、防水且自熄不燃。（图 2-92）

⑤纯棉地毯　分很多种,有平织的、线毯(可两面使用)、时下非常流行的雪尼尔簇绒系列(有细绒的,也有粗绒的)等很多种,性价比较高。脚感柔软舒适,其中簇绒系列装饰效果非常突出,便于清洁,可以直接放入洗衣机清洗。纯棉地毯有加底的,也有无底的,加底的主要起到防滑作用。（图 2-93）

⑥橡胶地毯　以天然橡胶为原料,用地毯模具在蒸压条件下模压而成。橡胶地毯不仅防霉、防滑、耐磨、绝缘,而且色彩丰富、脚感舒适,易于清洁。（图 2-94）

随着科技的发展以及人们物质需求水平的提升,各种材质的地毯应运而生,比如麂皮地毯、黄麻地毯、碎布地毯、木质地毯等。

图 2-93　纯棉地毯

图 2-94　橡胶地毯

（2）按地毯制作工艺的不同,地毯分为手工编织地毯、簇绒地毯和无纺地毯三类。

①手工织造地毯　手工织造地毯采用双经纬线,通过人工打结裁绒,将绒毛层与基底一起织做而成。这种地毯做工精细、图案优美、毯面丰满。中国手工地毯历史悠久,其特点是毛长、整齐、细密,有精美的花纹图案。手工地毯弹性、耐磨损性、耐气候性俱优,使用寿命长,且越使用性能越好。

②簇绒地毯　簇绒地毯也被称作"裁绒地毯",是当前生产化纤地毯的主要工艺。这种工艺通过往复式穿针的纺机,生产厚实的圆绒地毯,然后用刀片横向切割毛圈顶部制作而成,所以也可以称作"割绒地毯"。

③无纺地毯　无纺地毯是无经纬编织的短毛地毯。这种工艺的制作流程是把绒毛线用特殊的钩针扎刺在划好图案纹样的合成纤维网布底衬上,之后再将特制胶水涂于绒背,固定绒线接口后即制作完成。这种地毯制作工艺简单,价格低廉,为了克服其弹性和耐磨性较差的不足,可以在毯底加缝或加贴麻布衬底。

（3）窗帘布艺

布艺帘用装饰布经设计缝纫而做成的窗帘,家庭常用一层窗纱、一层布帘。窗帘轨有窗帘滑轨和窗帘杆。窗帘滑轨一般安装在窗帘盒内;窗帘杆本身是装饰品,可用于明装。

窗帘布艺面料质地有纯棉、麻、涤纶、真丝,也可多种原料混织而成。棉质面料质地柔软、手感好;麻质面料垂感好、肌理感强;真丝面料高贵、华丽,它是 100% 天然蚕丝构成,其特点为自然、粗犷、飘逸、层次感强;涤纶面料挺刮、色泽鲜明、不褪色、不缩水。

对于一般家庭来说,谁都不喜欢自己的一举一动在别人的视野之内。从这点来说,不同的室内区域,对于私隐的关注程度又有不同的标准。客厅这类家庭成员公共活动区域,对于私隐的要求就较低,大部分的家庭客厅都是把窗帘拉开,一般情况下处于装饰状态。而对于卧室、洗手间等区域,人们不但要求看不到,而且要求连影子都看不到,这就需要根据不同区域的窗帘选择不同的材质。

①卷帘　随着卷管的卷动而作上下移动的窗帘。目前最流行的卷帘材质是由韩国进口面料制成的。韩国面料的卷帘简洁、大方、花色较多、使用方便;另外,还可遮阳、透气、防火,使用一段时间后拿下来清洗也较方便。

卷帘的最大特点是简洁,四周没有花里胡哨的装饰,窗户上边有一个卷盒,使用时往下一拉即可。比较适合安装在书房、有电脑的房间和室内面积较小的居室。喜欢安静、简洁的人,适宜使用卷帘,西晒的房间用卷帘遮阳效果较好。(图 2-95)

图 2-95　卷帘图一

图 2-96　卷帘图二

卷帘有单色的、花色的、也有一幅帘子是一整幅图案的。卷帘一般用在卫生间、办公室等场所,主要起到阻挡视线的作用。材质一般选用压成各种纹路或印成各种图案的无纺布。要求亮而不透,表面挺刮。(图 2-96)

②罗马帘　比较适合安装在豪华家居的布艺帘,它使用的面料较广,一般质地的面料都可做罗马帘。这种窗帘装饰效果很好,华丽、漂亮。由于市场上的布料一般都是 1.4 m 的幅宽,所以安装罗马帘的窗户宽度最好在 1.4 m 以下,中间不用接缝,买布时只需一个长度便可以了。罗马帘多数以纱为主(当然也有其他面料),多从装饰美化

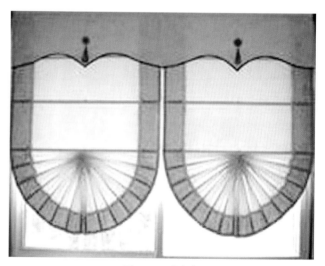

图 2-97　罗马帘

这个层面来考虑。主要装饰在客厅、过道或书房、宾馆的大堂、咖啡厅等等不需要阻挡强烈光源的场所,所以 制作要求更高。它的款式大概有这样几种:普通拉绳式、横杆式、扇形、波浪形等,还有有窗幔和无窗幔的设计,它可以是单独的窗帘,也可以同开合帘组合起来。(图 2-97)

③垂直帘　因叶片一片片垂直悬挂于上轨而得名,可左右自由调光达到遮阳目的。根据材料的不同可以分为:PVC 垂直帘、普通面料垂直帘、铝合金垂直帘。根据操作方式不同分为:手动垂直帘、电动垂直帘。(图 2-98)

④百叶帘 用 PVC、铝合金、木、竹烤漆为主加工制作而成,具有耐用常新、易清洗、不老化、不褪色、遮阳、隔热、透气、防火等特点,适用于高档写字楼、居室、酒店、别墅等场所,同时可配合贴画使其格调更加清新高雅。控制方式有手动和电动两种。百叶帘可以作180° 调节并可以作上下垂直或左右平移的硬质窗帘。这种窗帘适用性比较广,书房、卫生间、厨房间、办公室及一些公共场所都可用,具有阻挡视线和调节光线的作用,材质有木质、金属、化纤布或成形的无纺布等, 款式有垂直和平行两种。(图 2-99,图 2-100)

图 2-98 电动垂直帘

图 2-99 木质百叶帘

图 2-100 PVC 百叶帘

九、装饰涂料

1. 油漆

油漆是涂料的传统名称,因早期涂料以干性植物油为主要原料进行炼制而得名油漆,确切统称应为"涂料"。油漆由油料或树脂作为粘结剂,辅以能提高油漆强度、延缓老化的颜料、填料、溶剂等组成。根据组成成分的不同可以调制出各种性能的油漆。常用的油漆有清油、厚漆、调和漆、清漆等。

(1)清油又称熟油、熟炼油或热聚合油,俗名鱼油,是家庭装修中对门窗、护墙裙、暖气罩、配套家具等进行装饰的基本漆类之一。清油是干性油经熬炼并加入催干剂制成,施于物体表面,能在空气中干燥结成固体薄膜,油膜有弹性而较软,是早期的一种涂料产品,或单独使用,或用以调配厚漆,或加颜料调配成色漆(一般现调现用),主要用来调制厚漆和红丹防锈漆。其特性是干燥快、涂膜柔韧、易发粘。它在建筑工程上用途最广,一般物体表面涂刷涂料前都用它打底。清油已逐渐被清漆取代,用量日益减少。

(2)厚漆又称铅油。它是用大量体质颜料和少量油料研制而成的膏状半成品,需要加清油、溶剂等稀释后才能使用。这种漆的涂膜柔软,与面漆的粘结性好,遮盖力强,因油料没有经过聚合,体质颜料多,又加上由使用者临时调制,所以质量一般比油性调和漆差,是最低级的油性漆料,适用于涂饰要求不高的建筑工程或水管接头处,广泛用于各种涂层打底,也可用来调配色油和腻子等。

(3)调和漆一般指不需调配即能使用的色漆,是人造漆的一种,适用于室内外金属、木材、硅墙表面。它是最常用的一种油漆,质地较软、均匀、稀稠适度、耐腐蚀、耐晒、长久不裂、遮盖力强、耐久性好、施工方便。它分油性调和漆和磁性调和漆两种,后者现名多丹调和漆。用干性油、颜料等制成的叫做油性调和

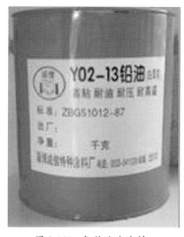

图 2-101 各种油漆涂料

漆,用树脂、干性油和颜料等制成的叫做磁性调和漆。在室内适宜用磁性调和漆,这种调和漆比油性调和漆好,漆膜较硬, 光亮平滑,但耐候性较油性调和漆差。(图 2-101)

(4)清漆俗称凡立水,是不含着色物质的一类透明涂料,涂于物体表面后,形成具有保护、装饰和特殊性能的涂膜,干燥后形成光滑薄膜,显出物面原有的花纹。优点是光泽好、成膜快、用途广。但易受潮、受热影响的物件不宜使用。 清漆分为热固性清漆和热塑性清漆两类,或分为油基清漆和树脂清漆两类,用于家具、地板、门窗及汽车等的涂装。也可加入颜料制成瓷漆,或加入染料制成有色清漆,也用来制造瓷漆和浸渍电器。

常见的清漆有以下几种:

①酯胶清漆 曾称为清凡立水、镜底漆。漆膜光亮、耐水性好,但光泽不持久,干燥性差。 适宜于木制家具、门窗、板壁的涂刷和金属表面的罩光。

②酚醛清漆 俗称永明漆。干燥较快,漆膜光亮坚韧、耐久性、耐水性和耐酸性均好,缺点是漆膜易泛黄、较脆。广泛用于涂饰木器家具、门窗和涂于油性色漆上作罩光用。这类清漆在 20 世纪 50 年代应用较多,目前属低档漆,正逐步淘汰。

③醇酸清漆 又称三宝漆。具有良好的柔韧性,附着力强,装饰性良好,可自然干燥。但膜脆、耐热、抗大气性较差。适于室内外一般金属和木制品表面的涂装。

④硝基清漆 又称清喷漆、腊克。不含颜料的硝基漆。具有干燥快、坚硬、光亮、耐磨、耐久等特点,是一种高级涂料,组成中加入硬树脂宜作木器漆。加入软树脂,如不干性油醇酸树脂,则涂膜坚韧。可用于金属、木材表面涂装及罩光,用高黏度硝化棉并加入较多增韧剂时可作皮革漆。 硝基清漆分为亮光、半哑光和哑光三种,可根据需要选用。

⑤虫胶清漆 又名泡立水、洋干漆。这种漆使用方便,干燥快,漆膜坚硬光亮。缺点是耐水性、耐候性差,日光暴晒会失光,热水浸烫会泛白。大多用于木制品涂装的打底,用于涂饰家具、地板和室内门窗等。因其涂层有良好的绝缘性能,还可作绝缘漆。

⑥丙烯酸清漆 它可常温干燥,具有良好的耐候性、耐光性、耐热性、防霉性及 附着力,但耐汽油性较差。适于喷涂经阳极氧化处理过的铝合金表面。

(5)磁漆(色漆):又名瓷漆。以清漆为基料,加入颜料研磨制成,涂层干燥后呈磁光色

图 2-102 各种清漆涂料

彩,适合于金属窗纱网格等。它和调和漆一样,也是一种色漆,但是在清漆的基础上加入无机颜料制成。漆膜光亮、平整、细腻、坚硬,外观类似陶瓷或搪瓷,瓷漆色彩丰富,附着力强。根据使用要求,可在瓷漆中加入不同剂量的消光剂,制得半光或无光瓷漆。常用的品种有酚醛瓷漆和醇酸瓷漆。适用于涂饰室内外的木材、金属表面、家具及木装修等。(图2-102)

(6)防锈漆有锌黄、铁红环氧脂底漆,漆膜坚韧耐久,附着力好,若与乙烯磷化底漆配合使用,可提高耐热性、抗盐雾性,适用沿海地区及温热带的金属材料打底。

(7)植物型油漆:已经面世的天然植物型油漆涂料从原料选择到加工制造,均与化工涂料不同。它的原料选自亚麻子油、橙子油、梧桐油、大麻树脂、松脂、枇杷油等十几种天然植物,是采用顺应自然生态平衡的高新工艺技术进行合成的全新油漆涂料。就像古代就开始利用的制作漆器的桐油一样,天然植物型油漆涂料可涂在居室墙顶面和家具表面,在涂刷作业中和涂刷以后挥发时,都不会对人体产生任何危害。由于天然植物型油漆涂料的颜料和稀释溶剂也是由天然植物中提取,因此也不含挥发性有害气体,工作人员可在密闭的空间环境下施工,涂刷后即可进住。即使所残留的物质不断挥发出去,也能重新回到大自然中循环。另外,来自植物中的各种成分同自然生态环境有着亲和力,这样在涂刷作业时,施工人员能闻到一股橙子或松树叶的气味,让人感到清新。(图2-103)

(8)水性漆:以水稀释剂,不含有机溶剂的涂料,不含苯、甲苯、二甲苯、甲醛、游离TDI有毒重金属,无毒无刺激气味,对人体无害,不污染环境,漆膜丰满、晶莹透亮,柔韧性好并且具有耐水、耐磨、耐老化、耐黄变、干燥快、使用方便等特点。但涂膜耐水性、耐候性、耐洗刷性差。可使用在:木器、金属、塑料、玻璃、建筑表面等多中材质上。乳液型涂料与水溶性涂料统成为水性涂料,其属于安全涂料、环保涂料。水性漆与传统油性漆最大不同之处在于水性漆不需要添加任何固化剂、稀释剂,只需用水进行调和。(图2-104)

(9)乳胶漆:水分散性涂料,它是以合成树脂乳液为基料,填料经过研磨分散后加入各种助剂精制而成的涂料。依照特点及适用范围,乳胶漆分为内墙乳胶漆、外墙乳胶漆、其他特种漆等。内墙乳胶漆侧重于色彩、耐碱性、防霉性;外墙乳胶漆侧重于抗紫外线和防水性。(图2-105)

图2-103 植物性油漆　　图2-104 水性漆　　图2-105 乳胶漆

(10)裂纹漆:裂纹漆是由硝化棉、颜料、体质颜料、有机溶剂、裂纹漆辅助剂等研磨调制而成的可制成各种颜色的硝基裂纹漆,也正是如此裂纹漆也具有硝基漆的一些基本特性,属挥发性自干油漆,无须加固化剂,干燥速度快。因此裂纹漆必须在同一特性的一层或多层硝基漆表面才能完全融合并展现裂纹漆的这一裂纹特性。由于裂纹漆粉性含量高,溶剂的挥发性大,因而它的收缩性大,柔韧性小,喷涂后内部应力产生较高的拉扯强度,形成良好、均匀的裂纹图案,增强涂层表面的美观,提高装饰性。(图2-106)

裂纹漆——欧陆装修艺术的描绘、古典装饰风格的写真,它格调高贵、浪漫,极具艺术韵涵,它能迅速有效地产生裂纹,裂纹纹理均匀,变化多端,错落有致,极具立体美感;它花纹丰富、有的苍劲有力纵横交错、有的犹如一幅壮丽的山川河流图自然逼真,极具独特的艺术美感,为古典艺术与现代装修的结合品。

(11)黑板漆:指涂刷在黑板上的专用漆,有油性黑板漆和水性黑板漆两种,常见颜色有黑色、墨绿、白色等。油性黑板漆为传统的用稀料来稀释的一种具有强烈刺激性气味的油漆,对人体健康及环境污染性极大,现正处于被淘汰一种产品类型。而水性黑板漆为近年来出现的一种新型无毒环保型黑板专用漆,产品具有无毒无味、绿色环保、对人体健康及环境无损害、不燃不爆的一种油性黑板漆的替代产品,自上

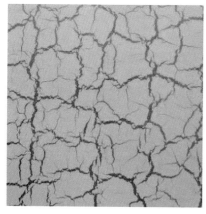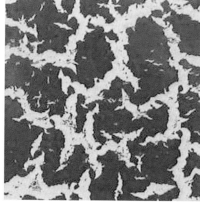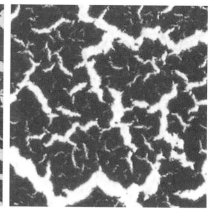

图 2-106　裂纹漆样式

市以来深受市场认可。

　　水性黑板漆无毒无味,可用自来水稀释,不含有毒重金属及有害挥发物,是目前国际上最环保的产品,是油性黑板漆的替代品,并具备优异的遮盖力,可轻松擦拭,均匀耐磨,不打滑,广泛应用于粉笔书写黑板、木制板面、金属板面、铝制板面等,符合国内外涂料绿色环保发展方向。

　　水性黑板漆现在也广泛用于家居环境中,在家中即使再注意墙面也难免会沾上一些污迹,尤其是家中有小孩的话,墙面很容易成为孩子发挥想象力的地方。此外,黑板漆粉刷家具在家居设计中是很有创意的一种方法。它可用来粉刷化妆台、橱柜加以装饰。(图 2-107)

图 2-107　黑板漆创意家居

　　2.胶粘剂

　　胶粘剂是具有粘附性能并能将同质或不同质物质紧密地粘接在一起的材料。自酚醛树脂胶粘剂出现以后,随着合成化学工业的发展,各种合成胶粘剂不断涌现。胶粘剂应用方便,而且密封性良好。目前胶粘剂已经成为工程应用领域不可缺少的辅助材料。组成胶粘剂的材料有:粘料、固化剂、填料、稀释剂等。

　　(1)粘料

　　粘料是胶粘剂的基本成分,又称基料,它使胶粘剂具有粘附特性。粘料对胶粘剂的胶接性能起着决定的影响。合成粘料的粘料通常由合成树脂、合成橡胶混合而成。用于胶接结构受力部位的胶粘剂以热固性树脂为主;用于非受力部位或变形较大部位的胶粘剂以热塑性树脂和橡胶为主。

　　(2)固化剂

　　固化剂能使基本粘合物质形成网型或体型结构,增加胶层的内聚强度。常用的固化剂有胺类、酸酐类、高分子类和硫磺类等。

（3）填料

填料的加入能够改善胶粘剂的性能（比如提高强度、降低收缩性、提高耐热性等）。常用的填料有金属及其氧化物粉末、水泥及木棉、玻璃等。

（4）稀释剂

稀释剂用于溶解和调节胶粘剂的粘度，增加涂敷润滑性。稀释剂分为活性和非活性两种。前者参加加固反应，后者不参加加固反应，只是起到稀释作用。常用稀释剂有：环氧丙烷、丙酮等。

此外，为满足特定需求，还可以在胶粘剂中加入其他成分。比如，加入促进剂、阻聚剂、抗老剂等控制胶粘剂固化速度，延长贮存时间和使用时间等。

建筑装饰工程中会用到很多品种的胶粘剂，它们的作用又千差万别。按成分可分为普通脲醛、三聚氰胺、酚醛胶、聚醋酸乙烯酯胶、邻苯二甲酸二丙烯酯胶（DAP胶）等等；按溶剂介质可分为溶剂型、水溶型、热熔胶等等。（图2-108）

常用的装饰用胶粘剂：

①脲醛树脂胶　它是尿素与甲醛在催化（碱性催化剂或酸性催化剂）作用下，缩聚成初期脲醛树脂，然后再在固化剂或助剂作用下，形成不熔、不溶的末期树脂胶粘剂。脲醛树脂胶具有较高的胶合强度、较好的耐水性、耐热性及耐腐性等特点，并且其生产方法简单、使用方便、成本低廉。

②三聚氰胺树脂胶　它是三聚氰胺甲醛树脂胶的简称，是由三聚氰胺与甲醛在催化剂作用下经缩聚合成的。其耐水、耐热、耐磨性优于酚醛胶和UF胶，且透明度高，常用于人造板贴面和家具装饰板。

图2-108　三聚氰胺树脂胶

③酚醛树脂胶　它是由苯酚与甲醛反应制得。如今，酚醛树脂胶粘剂以其胶接强度高、耐水、耐热、耐磨、耐化学药品腐蚀、成本较低等优点而广泛应用于木材加工业，其用量仅次于脲醛树脂胶粘剂，特别是在生产耐水木制品中具有脲醛树脂胶粘剂无可比拟的优势。

④聚醋酸乙烯酯胶　它是以醋酸乙烯酯作为单体在分散介质中经乳液聚合而成，又称白胶或乳白胶。它能够常温固化，干燥速度快；无色透明，不污染被粘物；对多孔材料有很强的粘合力；但耐水性、耐温性、耐热性差。

⑤环氧类胶粘剂　它主要由环氧树脂和固化剂两大部分组成。为改善某些性能，满足不同用途还可以加入增韧剂、稀释剂、促进剂、偶联剂等辅助材料。由于环氧胶粘剂的粘接强度高、通用性强，曾有"万能胶"、"大力胶"之称，在航空、航天、汽车、机械、建筑、化工、轻工、电子、电器以及日常生活等领域得到广泛的应用。（图2-109）

酚醛树脂胶

聚醋酸乙烯酯胶

环氧类胶粘剂

图2-109

3.油漆施工易出现的问题

油漆施工主要是对木质表面作饰面处理。如木吊顶、木墙裙、木装饰线、木家具、木地板等表面涂饰。

在油漆的透明涂饰和不透明涂饰过程中,往往因操作不当,使漆膜产生缺陷的现象常会出现。油漆施工过程中的常见问题如下:

①漆膜泛白　硝基清漆在阴雨天,潮湿季节进行涂饰施工时,常发生泛白现象。透明涂层泛白后,就形成一种不透明或半透明的乳白色雾层。色漆涂层泛白后,会使色漆失去鲜艳的色彩。防治措施:室内必须保持适当的干燥,雨天应关上门窗施工,若湿度无法控制,可在油漆中加适量防潮剂,一般在香蕉水中加入 10%~20% 的丁醇防潮剂。(图 2-110)

漆膜泛白图一　　　　　　
漆膜泛白图二
图 2-110

色花
图 2-111

②色花　如果色漆由两种或两种以上不同色漆调和成,涂饰漆膜可能会产生不均匀颜色的现象。在刷漆前用木棒将漆搅匀,刷时如发现漆膜有不均匀的颜色,可先将漆刷蘸取一些均匀油漆再对漆膜不均匀处进行涂刷,随涂随改,要适当地多顺理刷涂几次。(图 2-111)

③斑点　涂刷头道漆后,如果漆膜太光滑或上面有水汽、灰尘、油腻等,会使后道刷涂的漆膜,在局部地方无法粘附,形成斑斑点点的现象。防治的方法是等头道漆干燥后,先用肥皂擦去表面的油污,再用细木砂纸轻轻打磨并擦净表面,待干后再刷涂油漆。(图 2-112)

④起皱　使漆膜产生许多曲折、高低不平的现象,主要因为漆膜表干、内不干所致。或者是涂层太厚,漆膜粘度太大,以及在阳光下暴晒均可导致表面干内不干。常用的措施是让涂料粘度适当,每层漆膜不要过厚,漆刷毛不要太长太软,同时避免阳光直射和强风吹拂。(图 2-113)

⑤流挂　常发生在垂直或垂直表面与水平表面相接处,流转处漆膜比其他表面漆膜厚,多是由于油漆稀释过度和一次刷油漆量过多所致。相应的对策为:涂刷时,要把握涂层厚度,涂刷迅速均匀,若发现局部流挂,立即用刷子理匀,去掉多余的油漆,刷子硬度要适当,刷毛不要太长太软。(图 2-114)

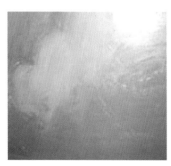
斑点
图 2-112

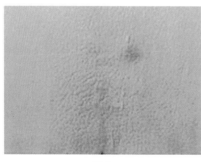
起皱
图 2-113

流挂
图 2-114

第三章 室内装饰施工

第一节 楼地面工程

楼地面按施工方法可分为三大类:整体浇注地面、板块地面、卷材地面。

一、整体浇注地面

用现场浇注法做成整片的地面,又可分为无机材料地面与有机材料地面。

1. 无机材料地面

无机材料地面主要有水泥地面、水磨石地面和菱苦土地面等。

(1)水泥地面

通常用水泥砂浆抹成,施工方便,但易起砂,多用于标准较低的建筑。如果用水泥、细石屑(不掺砂)或干硬性的富水泥砂浆作面层,用磨光机打磨,地面可不起砂。施工工艺:首先需要先将基层上的灰尘扫掉,用钢丝刷和錾子刷净、剔掉灰浆皮和灰渣层,用喷壶将地面基层均匀洒水一遍。根据房间内四周墙上弹的面层标高水平线,确定面层抹灰厚度(不应小于 20 mm),然后拉水平线开始抹灰饼(5 cm × 5 cm),横竖间距为 1 500~2 000 mm。清扫抹灰饼的余灰并洒水湿润,涂刷水泥浆后再铺设水泥砂浆。水泥砂浆的体积比宜为 1∶2(水泥∶砂)。在灰饼之间(或标筋之间)将砂浆铺均匀,然后用木刮杠按灰饼(或标筋)高度刮平。木刮杠刮平后,立即用木抹子搓平,从内向外退着操作,并随时用 2 000 mm 靠尺检查其平整度。用铁抹子压第一遍,直到出浆为止,如果砂浆过稀表面有泌水现象时,可均匀撒一遍干水泥和砂 1∶1 的拌合料,再用木抹子用力抹压,使干拌料与砂浆紧密结合为一体,吸水后用铁抹子压平。待面层砂浆初凝后,人踩上去,有脚印但不下陷时,用铁抹子压第二遍,边抹压边把坑凹处填平,要求不漏压,表面压平、压光。在水泥砂浆终凝前进行第三遍压光,铁抹子抹上去不再有抹纹时,用铁抹子把第二遍抹压时留下的全部抹纹压平、压实、压光。(图 3-1,图 3-2)

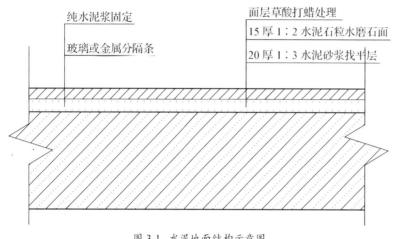

图 3-1 水泥地面结构示意图

纯水泥浆固定
玻璃或金属分隔条
面层草酸打蜡处理
15 厚 1∶2 水泥石粒水磨石面
20 厚 1∶3 水泥砂浆找平层

图 3-2 水泥地面施工现场

地面压光完工后 24 小时,铺锯末或其他材料覆盖洒水养护,保持湿润,养护时间不少于 7 天。

（2）水磨石地面

水磨石是一种常用的建筑装饰材料。因其原材料来源丰富,具有天然石地面的光洁、坚硬、耐磨等优点,价格较低,装饰效果好,施工工艺简单等优点,获得较为广泛的应用。水磨石也是一种人造石,用水泥做胶结料,掺入不同色彩,不同粒径的大理石或花岗石碎石。经过搅拌、成型、养护、研磨等工序,制成一种具有一定装饰效果的人造石材。（图 3-3）

施工工艺:水磨石地面的空鼓,粘结不牢,很多是由于基层清理不够,有影响粘结的杂物造成。所以清理基层是一道工序。在基层上进行找平层施工,找平层施工完毕,24 小时后应洒水养护,需养护 2~3 天。现制水磨石地面镶分格条,不仅增加地面的美观,同时也便于施工。固定分格条用素水泥浆,在一个分格内,先用素水泥将局部固定,再全部抹成八字形的水泥浆。水泥浆的高度一般占分格条高度的 70% 左右,上部一般留出 3~4 mm 不宜抹水泥浆。分隔条一般用玻璃条或者铜条。分格条固定 3 天左右,待分格条稳定,便可抹面灰,俗称装灰。面层抹灰宜比分格条高出 1~2 mm。待磨光后,面层与分格条能够保持一致。面层水泥石碴浆的配比视石碴的粒径大小而略有区别,也可因装饰效果的不同要求而有差异。常用的配比是:水泥∶石碴 =1∶1.5~1∶2。要想获得面层有较密集的石碴,增加美观,也可在面层施工时,拍平后在其表面撒一层石碴,然后将其拍平、拍稳。但要注意,石碴撒得要均匀,数量要适当。磨光是水磨石效果的重要工序。磨光的主要目的,是将面层的水泥浆磨掉,将表面的石碴磨平。第一遍磨光用较粗砂轮,具有一定程度的磨痕,表面的缺陷得以暴露,如砂眼、小孔洞、气泡等。对这些表面缺陷要用同面层相同色彩的水泥浆进行擦补,俗称补浆。养护 2~3 天,便可进行第二次磨光。选用比第一次细一些的砂轮,磨的方法同第一遍。这一遍要求做到将磨痕去掉,表面磨光,对于局部的麻面及小缺陷,再用相同色彩的水泥浆修补,养护 2~3 天便可进行第三遍磨光。 第三遍要用 180 号 ~240 号的细磨石。这一遍要达到表面光滑平整,无砂眼,无细孔,石子显露均匀。边角部位由于机械不好控制,应适当用手工补磨,最后用水冲洗干净。

最后是打蜡,打蜡的目的是使水磨石地面更光亮、光滑、美观。同时也因表面有一层薄蜡而易于保养与清洁。(图3-4)

图3-3 水磨石抛光机

图3-4 水磨石地面

(3)菱苦土地面

菱苦土地面是用菱苦土、锯末、滑石粉和矿物颜料加氯化镁溶液,调成胶泥(有时还掺入砂或石屑)抹平压实,硬化后用磨光机磨光、打蜡。菱苦土地面易于清洁,略有弹性,但不耐水和不耐高温。为便于施工和维修,并防止材料的热胀冷缩而变形开裂,可采用铜条、铝条或玻璃条进行镶嵌或划格。凡与菱苦土面层接触的金属构件和连接件均应涂以沥青漆,或抹一层厚度不小于30 mm的硅酸盐水泥或普通硅酸盐水泥拌制的水泥砂浆,以防氯化镁的锈蚀。菱苦土面层可铺设成双层或单层,双层面层的上层厚度一般为8~10 mm;下层厚度一般为12~15 mm。单层面层的厚度一般为12~15 mm。菱苦土面层不宜在雨天(包括霉雨季节)施工,为使面层更好地干燥,室内应稍予通风,但不得直接吹进穿堂风。面层铺设时及铺设后的硬化期间,室内气温应在10~30℃范围内。硬化时不得遭受潮湿和局部过热现象。菱苦土

图3-5 菱苦土

图3-6 菱苦土施工图

面层涂油,应在菱苦土完全晾干后进行,待涂油层全部干燥后上蜡。(图3-5,图3-6)

2.有机材料地面

有环氧树脂沥青地面、聚醋酸乙烯地面等。环氧树脂沥青地面是用环氧树脂、沥青漆和二乙烯三胺作粘结剂,用石英粉、石英砂作填充料配成砂浆,分数次刮抹磨光而成,厚3~4 mm。聚醋酸乙烯塑料地面是用聚醋酸乙烯乳液加入细砂、石英粉等调制的砂浆抹成。这类地面经磨光打蜡后,表面光滑,易于清洁,有一定弹性,行走舒适,并耐化学腐蚀。可根据要求掺入颜料,作成各种色彩和花纹。但有静电吸附作用,容易老化。

二、板块地面施工工艺

板块地面厚度为 10~50 mm,包括木质板材地面、石材板材地面、陶瓷板材地面、水泥板块地面及其他板块地面。

1. 木质板材地面

木地板大致可分为三大类:实木地板,实木复合地板、负离子木地板和强化木地板。

(1) 木地板铺设工艺

木地板铺设方法分为直接粘接法、悬浮铺设法、打龙骨铺设法、毛地板铺设法、打龙骨加毛地板铺设法、体育场所地板专用铺设方法等。

①直接粘接法 适用于小于 350 mm 长的地板,并且要求地面平实。直接粘接法就是将地板用胶(非水溶性、耐老化性强、固化速度快)直接粘在地面上。这种施工方法要求地面必须特别干燥、平整、干净。实木地板长度在 300 mm 以下的地板及软木地板采用较多。

②悬浮铺设法 铺设简单,工期大大缩短;无污染,地板不易起拱,不易发生瓦片状变形;易于维修保养,地板离缝,或局部不慎损坏,易于修补更换。即使搬家或意外跑水浸泡,拆除后经干燥地板依旧可铺设。先铺设防潮地垫,然后在上面铺设木地板。悬浮铺设法适用于企口地板、双企口地板,各种连接实木地板。目前复合木地板采用较多。

③打龙骨铺设法 龙骨铺设法又称木格栅法,是地板铺设最传统的方法。凡是企口地板,只要有足够的抗弯强度,均可用此法铺设。龙骨铺设法即先将龙骨固定在地面上,然后将地板固定在龙骨上。龙骨可选用木龙骨、塑钢龙骨和铝合金龙骨。后两种龙骨系新型材料,除保持木龙骨铺设富于弹性的优点,又克服了铺设麻烦、施工期长的特点,更主要是拆装、更换、维修地板方便,具有与悬浮铺设法相同的优点。木龙骨材料可采用落叶松、白松、红松、杉木,或废旧地板等材料。其规模按供需双方的约定,一般为 20 mm × 40 mm,30 mm × 50 mm,40 mm × 50 mm。必要时木龙骨垫前应进行防腐处理。基层面要求平整、干燥、干净,若遇有凹处面积较大,影响龙骨平整度的地方,必须用水泥砂浆填实刮平,待半月以上干燥。根据地板铺设方向和长度,算出龙骨铺设位置。每块地板至少搁在 3 条龙骨上,一般间距不大于 350 mm。(图 3-7)

图 3-7 木地板打龙骨施工图

固定木龙骨要点:

A. 锤打眼法:如果地面有找平层,一般采用电锤打眼法,具体做法如下:用电锤在弹好的地面龙骨线上打眼,然后把做过防腐处理的木塞,用铁钉将龙骨固定在地面上,一般电锤打入地面眼的深度不能小于 40 mm。

B. 射钉固定法:如果直接在现浇混凝土基层上固定木龙骨,因混凝土标号高、硬度好,可采用射钉固定法,具体做法如下:射钉透过木龙骨进入混凝土基层深度不得小于 15 mm,当地面误差过大时,应以垫木找平。先用射钉把垫木固定于混凝土基层,再用铁钉将木龙骨固定在垫木上;当地面过高时,应刨薄木龙骨或在木龙骨排放位置上剔槽后嵌入木龙骨,待调试达到正常标高后,将射钉固定在混凝土基层上。

C.龙骨与墙或其他地材间均应留出间距5~10 mm。铺设后的木龙骨进行全面的平直度拉线和牢固性检查。但是如果地面下有水管或地面采暖等设施,千万不能打眼,一般采用悬浮铺设法。万一非要采用龙骨铺设,可改用塑钢、铝合金龙骨等新颖龙骨,或改用胶粘剂黏结短木龙骨。地板面层铺设一般是错位铺设,从墙面一侧留出8 mm的缝隙后,铺设第一排木地板,地板凸角向外,以螺纹钉、铁钉把地板固定于木龙骨上,以后逐块排紧钉牢。每块地板凡接触木龙骨的部位,必须用气枪钉、螺纹钉或普通钉钉入。以45°~60°斜向钉入,钉子的长度不得短于25 mm。连结件和踢脚板的安装,与悬浮法相同。(图3-8)

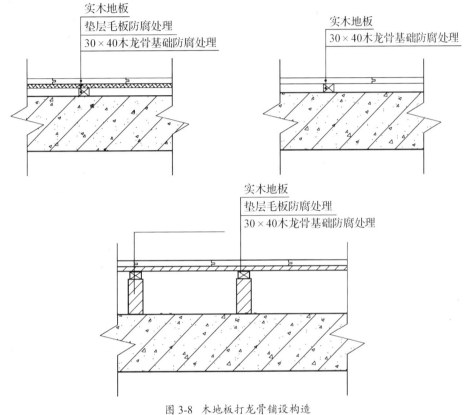

图3-8 木地板打龙骨铺设构造

④毛地板铺设法 即将毛地板直接固定在地面上,然后将地板固定在毛地板上。若要求客厅或办公室既耐磨又具有弹性和防潮的特性,可采用毛地板龙骨铺设法。这种方法一般在地面预留的高度不足,不能采用打龙骨或龙骨加毛地板铺设法,又不愿采用直接粘接法,而采用悬浮铺设法。若地面下有水管或采暖设施,不宜采用此种铺设方法。

铺设工艺:毛地板可采用12~18 mm厚的胶合板或木板等材料。基层要求平整、干燥、干净。在楼房底层或平房铺设时,应作防潮层处理,同悬浮铺设法的防潮层处理。根据地板铺设方向,弹出龙骨铺设位置,龙骨间距应小于350 mm,每块地板至少应搁在3条龙骨上。龙骨应与墙面有8~12 mm的伸缩缝。根据地面状况可采用电锤打眼法或射钉固定法固定龙骨。毛地板铺设在龙骨上,每排之间应错缝安装,且错缝距离应大于20 mm,用铁钉或螺纹钉使毛地板与龙骨固定并找平。然后再在毛地板上用木地板悬浮式铺设法进行铺设。

(2)木地板安装常见问题

①有空鼓响声的原因是固定不实所致,主要是毛板与龙骨、毛板与地板钉子数量少或钉得不牢,有时是由于板材含水率变化引起收缩或胶液不合格所致。因此,严格检验板材含水率、胶粘剂等质量的过程就显得尤为重要。检验合格后才能使用,安装时钉子不宜过少。

②表面不平的主要原因是基层不平或地板条变形起鼓所致。在施工时,应用水平尺对龙骨表面找平,

如果不平应垫木调整。龙骨上应做通风小槽。板边距墙面应留出 10 mm 的通风缝隙。保温隔音层材料必须干燥,防止木板受潮后起鼓。木地板表面平整度误差应在 1 mm 以内。

③拼缝不严的原因除了施工中安装不规范外,板材的宽度尺寸误差大及加工质量差也是重要原因。

④局部翘鼓的主要原因除板子受潮变形外,还有毛板拼缝太小或无缝,使用中,水管等漏水泡湿地板所致。地板铺装后,涂刷地板漆应漆膜完整,日常使用中要防止水流入地板下部,要及时清理面层的积水。

（3）无尘安装

现在地板安装流行无尘安装,家装中粉尘污染不可小觑,如在地板安装工程中,就难免会出现木屑及粉尘,飘浮在空气中,其危害同样是长期而严重的。搬进新房的人们常会得一种"新居综合症"的怪病,例如每天清晨起床时,感到憋闷、恶心、甚至头晕目眩;容易感冒;经常感到嗓子不舒服,呼吸不畅,时间长了易头晕、疲劳等。这是因为呼吸道受到了感染,而最大的诱因就是长期悬浮在空中的粉尘侵扰。为了避免粉尘污染,最好选择无尘安装。

铺设工艺:地面一定要干燥、平整。有可能引起潮湿隐患的工序已完成。门窗安装完毕,具备封闭条件。若有小面积坡度或凹处明显,可用石膏粘结剂拌粗砂抹平。若在楼房底层或平房铺设,须作防水层处理。可在表面涂防水涂料或铺农用薄膜。在用农用薄膜铺底时,采用二层铺设法。即在铺第一层时,膜与膜之间相应搭接 20 cm,第二层铺在第一层薄膜上时,接缝处要错开,并且墙边还要上翘 5 cm~6 cm（低于踢脚板）。在达到铺设要求后即开始铺设垫层。垫层材料有:

A. 泡沫垫:厚度 3 mm 带塑膜的泡沫垫,对接铺设,接口塑封。

B. 铺垫宝:厚度 6~20 mm。一般选 10~12 mm 厚,对接铺设,接口塑封。

C. 优质多层胶合板:厚度 8~18 mm。一般选 9~12 mm 厚。最好用油漆防腐,然后用电锤、气钉固定在地面,四周必须钉牢固,板与板之间留 3~6 mm 缝隙,用胶带封口。

铺装地板的走向通常与房间行走方向相一致,凹槽向墙,地板与墙之间放入木楔,留足伸缩缝。一般铺在边上 2 至 3 排,施少量 D4 或无水环保胶固定。其余中间部位完全靠榫槽啮合,不用施胶。最后一排地板要通过测量其宽度进行切割、施胶,用拉钩或螺旋顶住使之严密。在房间、厅、堂之间接口连接处,地板必须切断,留足伸缩缝,用收口条、五金过桥衔接。门与地面应留足 3~5 mm 间距,以便房门能开闭自如。安装时地板伸缩缝间隙在 5~12 mm 内,应填实聚苯板以防地板松动。安装踢脚板,务必把伸缩缝盖住。铺设时必须把地板块间的短接头互相错开至少 20 cm,这样铺好的地板会更强劲、稳定,并减少浪费,增强整体效果,但是排与排之间的长边接缝必须保持一条直线,所以第一排的不靠墙那边要平直。（图 3-9）

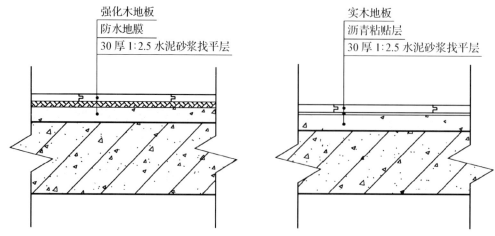

图 3-9 木地板铺设构造

2. 石材地面铺设

石材地面图案花纹绚丽、自然,色彩多样,装饰效果质朴、自然、舒畅,具有抗污染、耐擦洗、好养护等特点。

施工工艺：正式粘贴前，清除基层尘土，并洒水湿润。然后进行弹线、找方并对石材进行浇水润湿。

铺贴分湿铺和干铺两种方式。（图 3-10）

（1）湿铺：将水泥、中砂按 1：3 的比例拌合均匀，加水搅拌，稠度控制在 35 mm 以内。根据找平、找坡的控制点和预铺砖的情况，从里向外挂出 2 至 3 道控制线，从内向外铺贴；铺贴时先将水泥砂浆打底找平，厚度控制在 10~15 mm 内，然后将砖块沿线铺在砂浆层上，用橡皮锤轻轻敲击砖面，使其与基层结合密实；最后沿控制线拨缝、调整，使石材与纵、横控制线持平。湿铺法操作简易，且价格较低，所以常采用湿铺法铺贴地面。

（2）干铺：将水泥、中砂按 1：3 的比例拌合均匀，加水拌成干硬状（手抓成团，落地散开）。根据找平、找坡的控制点和预铺砖的情况，从里向外挂出 2 至 3 道控制线，从内向外铺贴；铺贴时先将拌合好的干硬水泥砂浆摊铺平，厚度控制在 20 mm 左右或略高于粘贴层厚度，然后将砖块沿线铺在砂浆层上，用橡皮锤轻轻敲击砖面，使其与基层结合密实，与控制线平后，将砖移开；然后浇一层水灰比为 0.5 的素水

图 3-10 地面找平弹线

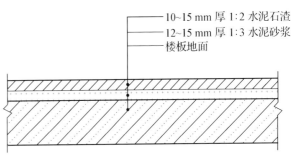

10~15 mm 厚 1：2 水泥石渣
12~15 mm 厚 1：3 水泥砂浆
楼板地面

图 3-11 施工工艺

图 3-12 干铺大理石地面现场

泥浆，再将砖安装至原处，用橡皮锤轻轻敲击，最后沿控制线拨缝、调整，使砖与纵、横控制线持平。铺镶贴完 1~2 天后，清除地面上的灰土，按石材的颜色配制成相应的水泥浆，用棉丝浸水泥浆，沿砖进行擦拭，并用细铁丝压实，最后用干净的棉丝沾水将表面擦洗干净。采用干铺法有效地避免了地面砖在铺装过程中造成的气泡、空鼓等现象的发生，但是由于地面砖干铺法比较费工，技术含量较高，所以一般干铺法要比湿铺法的费用高很多。

干铺与湿铺不同之处在于水泥、砂浆水灰稠度不同。铺设效果干铺法比湿铺法平整。所以不推荐使用湿铺地砖，因为长时间使用湿铺的地砖会受热

图 3-13 石材铺设效果

胀冷缩,容易出现空鼓与气泡。空鼓就是地砖下面的砂灰不实,敲击声音是空的,通常叫空鼓。容易造成地砖的损害影响地面砖的使用寿命。(图3-11,图3-12,图3-13)

3. 陶瓷板材地面

陶瓷地面砖不仅适用于各类公共场所,而且也逐步被引入家居地面装饰。陶瓷墙地砖按用途分为内墙砖、外墙砖和地砖。按材质分为:瓷质砖——透光性好,断面细腻呈贝壳状;半瓷质砖——透光性差,机械强度高,断面呈石状;陶质砖——不透光,机械强度较低,断面粗糙;按成型方法分为干压法、可塑法、注浆法。(图3-14)

铺贴陶瓷地砖的施工要点:

(1)混凝土地面应将基层凿毛,凿毛深度5~10 mm,凿毛痕的间距为30 mm左右。之后,清净浮灰、砂浆、油渍,将干水泥均散于地面。

(2)铺贴前应弹好线,在地面弹出与门道口成直角的基准线,弹线应从门口开始,以保证进口处为整砖,非整砖置于阴角或家具下面,弹线应弹出纵横定位控制线。

(3)铺贴陶瓷地面砖前,应先将陶瓷地面砖浸泡阴干。

(4)铺贴时,水泥砂浆应饱满地抹在陶瓷地面砖背面,铺贴后用橡皮槌敲实。同时,用水平尺检查校正,擦净表面水泥砂浆。

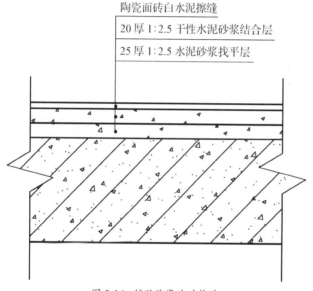

陶瓷面砖白水泥擦缝
20厚1:2.5干性水泥砂浆结合层
25厚1:2.5水泥砂浆找平层

图3-14 铺贴陶瓷地砖构造

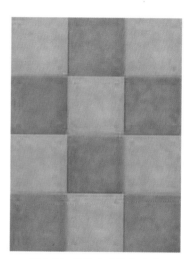

图3-15 陶瓷地面擦净效果

(5)铺贴完2~3小时后,用白水泥擦缝,用水泥、砂子为1:1(体积比)的水泥砂浆,缝要填充密实,平整光滑。再用棉丝将表面擦净。(图3-15)

三、水泥板块地面

水泥板地面有水磨石板地面、水泥板地面和混凝土板块地面等,一般在工厂预制,比现场浇注缩短工期,能提高施工质量,减少工地劳动量,铺贴方法与天然石地面相同。水磨石板地面即预制水磨石板材,预制水磨石板材的规格有305 mm×305 mm,400 mm×400 mm,500 mm×500 mm,厚度为25 mm,35 mm,也可根据设计要求加工。(图3-16)

四、防静电地板

防静电地板又叫做耗散静电地板,是一种地板,

图3-16 水泥板地面装饰

当它接地或连接到任何较低电位点时,使电荷能够耗散。防静电地板,按生产材料分,可分为以下类别:防静电直铺地板、防静电瓷质地板、防静电抛光砖。

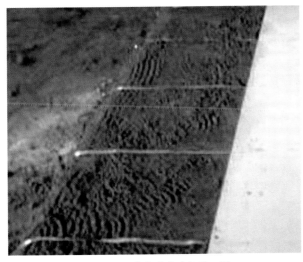

图 3-17 防静电陶瓷地板施工图

防静电直铺地板一般分为防静电瓷砖、PVC 防静电地板和防静电地坪。

（1）防静电瓷砖

在瓷砖烧制过程中加入防静电功能粉体进行物理改性,故防静电性能非常稳定,电阻值在 $10^6 \sim 10^9 \, \Omega$ 之间,且施工方便,普通的泥水工都能铺。（图 3-17）

（2）防静电 PVC 地板

采用片材（一般为 600 mm × 600 mm）或卷材直接铺贴,安装速度快（但需要专业的安装工才会安装）,防静电性能较为稳定,但易老化,不耐污,不便于清洁。

（3）防静电地坪

选用无溶剂高级环氧树脂加优质固化剂制成,表面平滑、美观、防潮、达镜面效果,具有耐酸、碱、盐、油类介质腐蚀,特别是耐强碱性能好。

防静电活动地板一般根据基材和贴面材料不同来划分。基材有钢基、铝基、复合基、刨花板基（木基）、硫酸钙基等。贴面材料有防静电瓷砖、三聚氰胺（HPL）、PVC 等。（图 3-18）

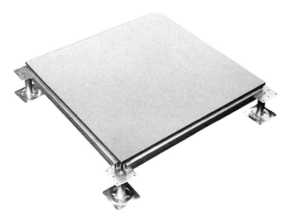

图 3-18 防静电活动地板基材或为钢基和铝基

第二节　卷材地面装饰

所谓卷材即指厚度约 2~10 mm 的油地毡、塑料、橡胶、地毯成卷的铺材,有时也可裁成小块片状进行铺贴。这类面层装饰材料可干铺在水泥砂浆找平层上,也可用胶粘贴。卷材地面铺设方便,色彩鲜艳,图案多样,具有行走舒适和良好的保温特点。

一、地毯铺设工艺

地毯的铺设方法:满铺地毯时应在房间四周设钢钉,将地毯平整地扣挂在钢钉上,用尼龙搭扣衬条把地毯绷紧。地毯下可添设一层泡沫橡胶衬垫,以增加地面弹性和消声性能。

（1）卷式地毯的活动式铺装

卷式地毯的种类很多,如果选用的地毯面层下面还有底层,本身较重,不易被人踢起,且在人员活动

较少的房间中使用,房间的四周有家具摆设,能够起到固定地毯的作用,可以采用比较简便的活动式铺装方法。具体做法是:按房间的大小,在商店购买地毯时,就要按长度尺寸裁好,铺装时由房间里面向门口逐渐推铺。如果地毯宽度与房间宽度不符时,应在地毯背面弹出宽度尺寸,用锋利的裁刀沿弹出的线切割开。两

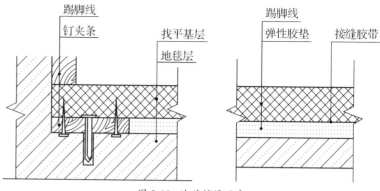

图3-19 地毯铺设示意

块地毯需要拼接的交接处,在对缝地毯背面用粗针缝上,在对缝两侧及接缝胶带上涂上地毯胶液,将接缝胶带粘贴在地毯接缝处,再将地毯正过来,用扁铲将地毯四周沿墙角修齐、压平,摆放上家具固定。(图3-19)

（2）卷式地毯的倒刺板卡条铺装

倒刺板卡条铺装地毯是地毯铺装的最基本的方法,也是应用最多的地毯铺装方法,适用于地毯下层设有单独的弹性胶垫的卷式地毯的满铺。具体方法及步骤如下:

首先,将房间清理干净,在房间四周沿踢脚板的边缘用高强水泥钉将倒刺板卡条钉在地面上,水泥钉间距小于400 mm,倒刺板卡条距踢脚板8~10 mm,倒刺斜钉应朝向墙面。铺装弹性胶垫时,胶垫应离开倒刺板卡条10 mm,采取满铺点粘的方法,即先沿长边铺好一边的胶垫,再放下另一边,量出尺寸,使其距另一边倒刺板10 mm,弹线裁切后,用107胶点粘于基层地面上。地毯在商店购买时就已裁好,将需拼接的两端对齐后用针缝接,拼接后在接缝处刷50~60 mm宽的乳胶液,用布条贴上或用塑料胶条贴于缝合处。将已经缝合好的地毯平铺好,将地毯的一条长边先固定在倒刺板上,将沿边的毛边全部掩在踢脚板内或与踢脚板贴紧压实,然后由固定一边向对边推平,反复几次拉平后,将其固定在另一边倒刺板上,用裁刀裁去多余部分,将毛边掩在踢脚板内压平,使用同样方法固定其余两边。门口处没有倒刺板卡条的地方,应用收口压条将地毯压实。最后用吸尘器清理安装过程中的绒毛,使地毯表面顺平。

（3）卷式地毯的粘结固定铺装

如果地毯较薄,人在上面行走时就容易隆起,既不美观也不安全,时间久了地毯就会变形,修整十分麻烦,因此要采取粘结固定的铺装方法。

固定粘结地毯技术性要求虽然比倒刺板要求低,但也需按规范程序施工。采用粘结式铺装地毯的房间往往不安踢脚板,如果安装,也是在地毯铺装后安装,地毯与墙根直接交界。因此,地毯下料必须十分准确,在铺装前必须进行实量,测量墙角是否规范,准确记录各角角度。裁割地毯时应沿地毯经纱裁割,只割断纬纱,不割经纱,对于有背衬的地毯,应从正面分开绒毛,找出经纱、纬纱后裁割。地毯刮胶应使用专用的V形齿抹子,以保证涂胶均匀,刮胶次序为先从拼缝位置开始,然后刮边缘。刮胶后晾置时间对粘结质量至关重要,一般应晾置5~10分钟,具体时间依胶的品种、地面密实情况和环境条件而定,以用于触摸表面干而粘时铺装最好。地毯铺装应从拼缝处开始,再向两边展开,不须拼缝时应从中间开始向周边铺装。铺装时用撑子把地毯从中部向墙边拉直,铺平后立即用毡辘压实。地毯铺装的验收无论采用何种地毯铺装方法,地毯铺装后都要求表面平整、洁净,无松弛、起鼓、裙皱、翘边等现象;接缝处应牢固、严密,无离缝,无明显接茬,无倒绒,颜色、光泽一致,无错花、错格现象;门口及其他收口处应收口顺直、严实,踢脚板下塞边严密、封口平整。地毯铺装出现质量问题,应返工重铺。

（4）铺设地毯的注意事项

铺装地毯要做到:下料要合理套裁,做到拼缝最少而同时损耗最小;如无特殊要求,一般要尽量保持地毯顺纹拼接(但会少许增加损耗),或至少同一房间内顺纹拼接,以免因地毯纹路不同而产生视觉色

图 3-20 铺设地毯示意

差感;拼缝位置应尽量避开走动量大或视线直击之处;带花纹的地毯要力求对花拼接;拼缝两侧的地毯最好采用叠裁法裁切,且烫接前修剪掉散边或毛刺;木钉条离墙的距离不宜过远或过近,适宜的距离应视地毯厚度而定;若采用"立时得"胶水固定地毯,涂布均匀性及预干燥时间也直接影响地毯的铺装效果;地毯收紧时要做到各向张力均匀,切忌松紧不一,否则地毯容易起皱。(图 3-20)

第三节 地 暖

由于在室内形成脚底至头部逐渐递减的温度梯度,从而给人以脚暖头凉的舒适感。地面辐射供暖符合中医"温足而顶凉"的健身理论,是目前最舒适的采暖方式,也是现代生活品质的象征。

在中国地面采暖可追溯到明朝末年,为皇宫王室才能拥有的取暖方式,如现存北京的故宫,在青砖地面下砌好烟道,冬天通过烟道传烟并合理配置出烟窗以达到把青砖温热而后传到室内,使室内产生温暖的效果。现在随着科技时代的到来,地面供暖技术已从原始的烟道散热火炕式采暖发展成为以现代材料为热媒的地面辐射供暖。地面辐射供暖是一项既古老又崭新的技术,是以整个地面为散热器,通过地板辐射层中的热媒,均匀加热整个地面,利用地面自身的蓄热和热量向上辐射的规律由下至上进行传导,来达到取暖的目的。

一、地暖的分类

地面辐射供暖按照供热方式的不同,主要分为水暖、电暖(电暖又有发热电缆采暖和电热膜采暖之分)、碳晶地暖。

(1)水暖即低温热水地面辐射供暖是以温度不高于60℃的热水为热媒,在加热管内循环流动,加热地板,通过地面以辐射和对流的传热方式向室内供热的供暖方式。(图 3-21)

(2)发热电缆地面辐射供暖是以低温发热电缆为热源,加热地板,通过地面以辐射和对流的传热方式向室内供热的供暖方式。常用发热电缆分为单芯

图 3-21 水暖铺设示意

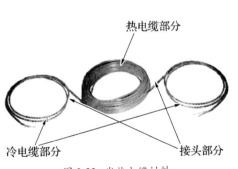

热电缆部分

冷电缆部分 接头部分

图 3-22 发热电缆材料

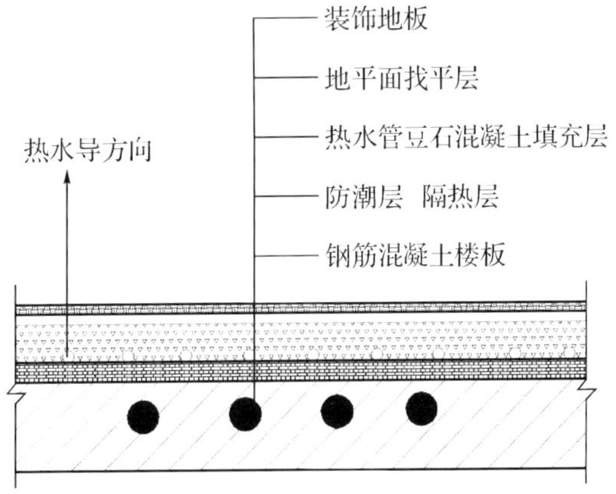

装饰地板
地平面找平层
热水管豆石混凝土填充层
防潮层 隔热层
钢筋混凝土楼板

热水导方向

图 3-23 发热电缆采暖示意图

电缆和双芯电缆。（图3-22,图3-23）

（3）低温辐射电热膜是一种通电后能发热的半透明聚酯薄膜,由可导电的特制油墨、金属载流条经加工、热压在绝缘聚酯薄膜间制成。工作时以碳基油墨为发热体,将热量以辐射的形式送入空间,使人体得到温暖。（图3-24）

图3-24 低温辐射电热膜铺设示意图　　　　　　　　　图3-25 碳晶地暖铺设

（4）碳晶地暖系统是以碳素晶体发热板为主要制热部件而开发出的一种新型的地面低温辐射采暖系统。碳晶地暖系统充分利用了碳晶板优异的平面制热特性,采暖时整个地(平)面同步升温,连续供暖,地面热平衡效果好。克服了传统地暖产品制热不连续、热平衡效果差的弊端。（图3-25）

二、地暖与地面装饰

1. 选材与效果

地板采暖可以在水电改造工序全部结束后进行,也可以和水装修、强弱电系统改造结合进行。另外,铺设地暖系统要非常注意埋管不被后续装修施工破坏。现在装饰市场上各种合格的实木地板、实木复合地板、三层结构碳化竹地板、强化木地板、石材、瓷砖、亚麻地毯、毛地毯、水泥砖、橡胶地板和地板革等装饰材料都可以用于地板采暖。只是不同地板材料导热系数不同。

这里从各种装饰材料的导热系数的不同导致的热效率差异来说明,热效率越高,运行费用越低。地面材料导热系数由大到小的顺序排列为:天然石材、瓷砖、实木复合地板、强化木地板、实木地板、化纤地毯、纯毛地毯。导热系数越小,要达到同等采暖效果,运行费用越高。

2. 注意事项

（1）铺设的地板需要尺寸稳定性好,不惧潮湿环境,传热快,若达不到所需标准则需加设辅助材料。地暖系统需要在墙体、柱、过门等与地面垂直交接处敷设伸缩缝,伸缩缝宽度不应小于10 mm。

（2）地板采暖属隐蔽性工程,可维修性差,装修时要选择耐压、耐温、耐腐蚀,热稳定性能好的高科技环保管材。铺设木地板会有干裂的麻烦,最好选用复合地板、地砖或大理石。

地暖工程有不便于二次装修的特点,因为地采暖的热管道都铺设在地下,二次装修改造地面时,容易损坏地下管道,并且,地板上不宜铺设地毯之类的装饰品,否则容易影响采暖效果。所以设定温度不能太高,否则将大大降低输送管道的使用寿命。

（3）卫生间使用受限,由于地采暖的送热管道比较复杂,出于防水考虑,铺设地暖盘管前后都要做防水,由于卫生间铺设范围小(比如要预留坐便、浴盆、下水口等),室温往往达不到采暖标准,还需辅以背篓(暖气片)做辅助。

第四章 墙柱面工程用材

第一节 轻质隔墙

随着现代建筑环境的改善和新型办公空间的出现,人们生活办公理念也向个性化方向转变,目前使用一个新的空间之前,70%以上的业主都会要求变更设计格局,有的甚至会改得面目全非。虽然目前大多数建筑为框架结构,但结构有主次之分,其中梁柱为主体结构,隔墙为辅助结构。主体结构是不能擅自改变的,主要隔墙改动后容易造成许多后遗症,如电路接触不良、房屋渗漏等问题。在改动之前,应充分考虑改动的必要性。由于改动后的隔墙不是直接架在横梁上面,这就要充分考虑楼板的荷载能力。如果造成楼板超载,有可能导致板面裂纹,后患无穷。所以,在结构改动中,首先要充分考虑改造将出现的诸多问题,这不仅需要专业的知识,而且轻质隔墙材料的合理运用必不可少。

在一般情况下,轻质隔墙具有一定的隔音和遮挡视线的能力。当需要透光时,也可局部或全部镶装玻璃,有些轻质隔断超过人的高度,但不做到顶部。用隔墙分割室内空间,能使被分割出来的空间具有较强的私密性。因此,常把隔墙

用于学校、医院、办公、科研等建筑中。(图4-1)

轻质隔墙按构造方法可分为三大类,即砌块式、立筋式和板材式。砌块式隔墙湿作业多,自重大,工业化程度低,拆装不灵活,多用于住宅等建筑中,其构造方法与传统的粘土砖隔墙相同或相似。

一、砌块式隔墙构造

砌块式隔墙用普通粘土砖、空心砖、加气混凝土砌块、玻璃砖等块材砌筑而成。

(1)普通砖隔墙

普通砖隔墙一般采用半砖隔墙。半砖隔墙的标志尺寸为120 mm,采用普通砖顺砌而成。当砌筑砂浆为M2.5时,墙的高度不宜超过3.6 m,长度不宜超过5 m;当采用M5砂浆砌筑时,高度不宜超过4 m,长度不宜超过6 m。高度超过4 m时应在门过梁处设通长钢筋混凝土带,长度超过6 m时应设砖壁柱。由于墙体轻而薄,稳定性较差,因此构造上要求隔墙与承重墙或柱之间连接牢固,一般沿高度每隔0.5 m砌入2Φ4钢筋,还应沿隔墙高度每隔1.2 m设一道30 mm厚水泥砂浆层,内放2Φ6钢筋。为了保证隔墙不承重,在隔墙顶部与楼板相接处,应将砖斜砌一皮,或留约30mm的空隙塞木模打紧,然后用砂浆填缝。(图4-2)

(2)轻质砌隔块墙

为了减轻隔墙自重和节约用砖,可采用轻质砌块隔墙。目前常采用加气混凝土砌块、粉煤灰硅酸盐砌块以及水泥炉渣空心砖等砌筑隔墙。砌块隔墙厚度由砌块尺寸决定,一般为90~120 mm。砌块墙吸水性强,故在砌筑时应先在墙下部实砌3~5皮粘土砖再砌砌块。砌块不够整块时宜用普通粘土砖填补。砌块隔墙的其他加固构造方法同普通砖隔墙。轻质隔墙工程的使用功能要求,系指隔声、保温、防火、防水、抗震及墙面平整、无开裂等要求。耐久性要求板材化学成分的稳定性,应保证条板后期的物理力学性能不下降,不产生翘曲、裂缝现象。

图4-1 玻璃隔断分割室内空间

图4-2 普通砖墙

加气混凝土条板常见规格为:长2.7 m、3.0 m、3.3 m等,宽0.6 m,厚10 cm、15 cm。加气混凝土块常见规格为:600 mm×200 mm×125 mm,600 mm×300 mm×125 mm,600 mm×250 mm×250 mm,600 mm×250 mm×200 mm,600 mm×300 mm×100 mm,600 mm×300 mm×150 mm,600 mm×300 mm×250 mm。

加气混凝土隔墙施工工艺:根据房间净高,进深尺寸,将加气混凝土条板用砂轮锯切割。在高度方向按楼层结构尺寸减去150 mm。根据设计图纸尺寸的要求,将隔墙板或围护墙板位置线弹好。当需浇筑混凝土带时,混凝土带高12 cm,内平铺2Φ6钢筋,用C15混凝土,上口抹平,当混凝土带具有一定强度后,再在上面安装隔墙板。

用水泥:细砂:107 胶:水 =1:1:0.2:0.3 的配制胶粘剂涂抹条板各面,使条板与楼板重合、粘紧,下部及时用木楔子楔紧,安装有接头的条板时,应将相邻两块条板的接头位置上下错开。用 C15 半干硬性豆石混凝土将楔子之间空隙捻塞严实,养护 3 天后,将木楔拆去,补捻豆石混凝土。(图 4-3)

图 4-3 各种轻质砌隔块墙材料

（3）玻璃砖分隔墙

玻璃砖应砌筑在配有两根 φ6~φ8 钢筋增强的基础上。基础高度不应大于 150 mm,宽度应大于玻璃砖厚度 20 mm 以上。玻璃砖分隔墙顶部和两端应用金属型材,其槽口宽度应大于砖厚度 10~18 mm 以上。当隔断长度或高度大于 1 500 mm 时,在垂直方向每两层设置一根钢筋(当长度、高度均超过 1 500 mm 时,设置两根钢筋);在水平方向每隔三个垂直缝设置一根钢筋。钢筋伸入槽口不小于 35 mm。用钢筋增强的玻璃砖隔断高度不得超过 4 000 mm。玻璃分隔墙两端与金属型材两翼应留有宽度不小于 4 mm 的滑缝,缝内用油毡填充;玻璃分隔板与型材腹面应留有宽度不小于 10 mm 的胀缝,以免玻璃砖分隔墙损坏。玻璃砖最上面一层砖应伸入顶部金属型材槽口 10~25 mm,以免玻璃砖因受刚性挤压而破碎。玻璃砖之间的接缝不得小于 10 mm,且不大于 30 mm。玻璃砖与型材、型材与建筑物的结合部,应用弹性密封胶密封。(图 4-4)

图 4-4 各种立筋式隔墙

二、立筋式隔墙

立筋式隔墙也称立柱式、骨架式,它是以木龙骨、轻钢龙骨、石膏龙骨、石棉水泥龙骨和铝合金龙骨等为骨架,把面层钉结、涂抹或粘贴在骨架上形成的隔墙、隔断,所以由骨架和面层两部分组成,一部分由骨架;另一部分是嵌于骨架中间或贴于骨架两侧的面板。隔音要求较高的隔墙,可在面层面板中另设隔音层,也可同时设置三到四层面板,形成二到三层空气层。

1. 骨架

骨架由上槛、下槛、墙筋、斜撑或横档构成的骨架组成。国外采用的骨架多数是木的或型钢的。当采用型钢骨架时,相应地采用不锈钢、非铁金属或镀锌铁制的连接件,以保证整个骨架具有足够的耐久性和可靠性。在中国,为节约木材和钢材,常常采用工业废料和地方材料制成的骨架,诸如石棉水泥骨架、浇筑石膏骨架、有纸石膏板粘结骨架、水泥刨花板骨架、菱苦土骨架、陶粒混泥土骨架和加气混泥土骨架等。

（1）木龙骨隔墙

木龙骨架结构形式:按立面构造,木龙骨隔断墙分为全封隔断墙,有门窗隔断墙和半高隔断墙三种类型。不同类型的隔断墙,其结构形式也不尽相同。

①大木方构架:这种结构的木隔断墙,通常用 50 mm×80 mm 或 50 mm×100 mm 的大木方制作主框架,框体的规格为 500 mm×500 mm 左右的方框架或 500 mm×800 mm 左右的长方框架,再用 4~5 mm 厚的木夹板作为基面板。该结构多用于墙面较高较宽的隔断墙。

②小木方双层构架:为了使木隔断墙有一定的厚度,常用 25 mm×30 mm 的带凹槽(俗称巴交口)木方作成两片骨架的框体,每片规格为 300 mm×300 mm 或 400 mm×400 mm 的框架,再将两个框架用木方横杆相连接,其墙体的宽度通常为 150 mm 左右。

③单层小木方构架:这种结构常用 25 mm×30 mm 的带凹槽木方组装。框体为 300 mm×300 mm,与墙身木骨架,吊顶木骨架相同。该结构木隔断墙多用于高度 3 000 mm 以下的全封隔断或普通半高矮隔断。（图 4-5,图 4-6）

图 4-5　小木方构架

图 4-6　全封隔断或普通半高矮隔断

（2）木隔断墙施工工艺

在需要固定木隔断墙的地面和建筑墙面,弹出隔断墙的宽度线与中心线,同时画出固定点的位置。固定木骨架前,按对应地面的墙面的顶面的固定点的位置,在木骨架上画线,标出固定点位置。通常按 300~400 mm 的间距在地面和墙面,用 Φ7.8 mm 或 Φ10.8 mm 的钻头,在中心线上打孔,孔深 45 mm 左右,向孔内放入 M6 或 M8 的膨胀螺栓。注意打孔的位置应与骨架竖向木方错开位。如果用木楔铁钉固定,就需打出 Φ20 左右的孔,孔深 50 mm 左右,再向孔内打入木楔。对半高矮隔断墙来说,主要靠地面固定和端头的建筑墙面固定。如果矮隔断墙的端头处无法与墙面固定,常用铁件来加固端头处。对于各种木隔断墙的门框竖向木方,均采用铁件加固法,否则,木隔断墙将会因门的开闭振动而出现较大颤动,进而使门框松动、木隔断墙松动。若隔断墙的顶端不是建筑结构,而是与吊顶相接触,对于没有门的隔断墙,当其与铝合金龙骨吊顶或轻钢龙骨吊顶接触时,只要求相接缝隙小、平直即可。当其与木龙骨吊顶接触时,应将吊顶的木龙骨与隔断墙的沿顶龙骨钉接起来,如两者间有接缝,应垫实接缝后再钉钉子。对于有门的隔断墙,考虑门开闭的振动和人来人往的碰动,所以顶端也应进行固定。木隔断的竖向龙骨应穿过吊顶面,至少在门框的竖向木龙骨顶端应穿过吊顶面,在吊顶面以上再与建筑层的顶面进行固定。固定方法常用斜角支撑,斜角支撑杆可以是木方或角铁,斜角支撑杆与建筑层的顶面夹角以 60 度为好,斜角支撑与建筑层的顶面,可用木楔铁钉或膨胀螺栓来固定。隔断墙上固定木夹板的方式主要有明缝固定和拼缝固定两种。明缝固定是在两板之间留一条有一定宽度的缝,缝宽为 8~10 mm 为宜。而明缝处不用垫板,将木龙骨面刨光,锯割木夹板时,应用靠尺来保证锯口的平直度与尺寸的准确性,明缝的上下宽度应一致。其钉板方法与木质墙身相同。隔断的下端如用木踢脚板覆盖,隔断的罩面板下端应离地面 20~30 mm,如用大理石、水磨石踢脚时,罩面板下端应与踢脚板上口齐平,接缝要严密。在转角处,若需收口则在收口处用木线条或金属线条包边。

（3）木隔断墙体门窗的结构与做法

①门框结构　木隔断中的门框是以隔断门洞两侧的竖向木方为基体,配以挡位框、饰边板或饰边线条组合而成。大木方骨架的隔墙门洞竖向木方较大,其挡位框的木方可直接固定在竖向木方上。对小木方双层构架的隔断墙来说,因其木方较小,应该先在门洞内侧钉上 12 mm 的厚夹板或实木板之后,再在厚夹板上固定挡位框。

门框的包边饰边的结构形式有多种,常见的有厚夹板加木线条包边、阶梯式包边、大木线条压边等。门框包边饰边板或木线条的固定通常用铁钉,其铁钉均需按埋入式处理。

②窗框结构　木隔断中的窗框是在制作木隔断时预留出的,然后用木夹板和木线条进行压边或定位。木隔断墙的窗有固定式和活动窗扇式,固定窗是用木压条把玻璃板定位在窗框中,活动窗扇式与普通活动窗基本相同。

2. 轻钢龙骨隔墙

（1）隔墙轻钢龙骨或称墙体轻钢龙骨,薄壁轻钢龙骨与玻璃或轻质板材组合,即可组成隔断墙体。按其截面,可分为 C 型和 U 型,代号为 Q。按其功能的区分,有横龙骨、竖龙骨、通贯龙骨和加强龙骨四种。（图 4-7）

①横龙骨　其板面呈 U 型,在墙体轻钢骨架中主要做沿顶、沿地龙骨,多是与建筑的楼板底及地面结构相连结,相当于龙骨框架的上下轨槽,与 C 型竖龙骨配合使用。

②竖龙骨　截面呈 C 型,用作墙体骨架垂直方向支承,其两端分别与沿顶、沿地横龙骨连结。其钢板厚度一般为 0.63 mm,重 0.81~1.30 kg·m^{-1}。

③通贯龙骨　竖龙骨的中间连接构件。

④加强龙骨　又称扣盒子龙骨,其截面呈不对称 C 型。可单独做竖龙骨使用,也可两件相扣组合使用,以增加刚度。

⑤支撑卡　覆面板材与龙骨固定时起辅助支撑作用的配件。

安装轻钢龙骨的横贯通龙骨时,隔墙高度在 3 m 以内的两道,3~5 m 以内的设三道。支撑卡安装在竖向龙骨的开口一侧,其间距同竖龙骨间距。龙骨与基体的固定点间距不应大于 1 m。

（2）轻钢龙骨骨架施工工艺:固定沿地、沿顶龙骨可采用射钉或钻孔用膨胀螺栓固定,中距一般以 900 mm 为宜。射钉的位置应避开已敷设的暗管。竖龙骨的间距应根据设计按隔墙限制高度的规定选用。当采用暗接缝时则龙骨间距应增加 6 mm。如采用明接缝宽度确定,卫生间隔墙用于墙中有吊挂各种物件的要求,故龙骨间距一般为 300 mm。竖龙骨应由墙的一端开始排列,当最后一根龙骨距离墙边的尺寸大于规定的龙骨间距时,必须增设一根龙骨。竖龙骨上下端应与沿地、沿顶龙骨用铆钉固定。现场需载断龙骨时,应一律从龙骨的上端开始,冲孔位置不能颠倒,并保证各龙骨冲孔高度在同一水平。当隔墙高度超过石膏板的长度时,应设水平龙骨。安装通贯横撑龙骨必须与竖向龙骨的冲孔保持在同一水平上,并卡紧牢固,不得松动。先安装一侧的板材,由墙的一端开始,一般用自攻螺丝固定,板边钉距为 200 mm,板中间距为 300 mm,螺丝距石膏板边缘的距离不得小于 10 mm,也不得大于 16 mm,自攻螺钉固定时,板材必须与龙骨紧靠。若需安装墙体内防火、隔声、防潮填充材料,则需与另一侧板材同时进行安装填入。安装墙体另一侧板材方法同安装第一侧板材,其接缝应与第一侧面板错开。（图 4-8）

图 4-7 轻钢龙骨与轻质板材隔墙

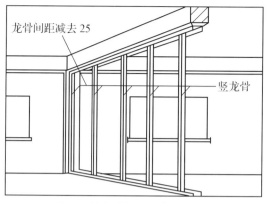

图 4-8 横龙骨与竖龙骨结构示意

（3）铝合金龙骨隔墙

铝合金材料是纯铝加入镁、锰等合金元素而成，具有质轻、耐蚀、耐磨、韧度大等特点。经氧化着色表面处理后，可得到银白色、金色、青铜色和古铜色等几种颜色，其外表色泽雅致美观，经久耐用。铝合金龙骨与玻璃或其他材料组合即可成为铝合金玻璃隔断墙。具有空间透视好、制作简便，墙体结实牢固的特点。

隔断常用的铝合金龙骨有大方管、扁管、等边槽和等边角四种。大方管外形截面尺寸 76.20 mm × 44.45 mm，扁管外形截面尺寸 76.20 mm × 25.40 mm，等边槽外形截面尺 12.70 mm × 12.70 mm，等边角外

图 4-9 各种铝合金龙骨隔墙

形截面尺寸 31.80 mm × 31.80 mm。（图 4-9）

（4）石膏龙骨隔墙

石膏龙骨隔墙以浇注石膏，适当配以纤维筋或用纸面石膏板复合、粘结、切割而成的石膏板隔墙骨架材料。具有质量轻、强度高、刚度大和可锯、可接长、加工性能好、安装方便等特点。但石膏龙骨不适合厨房卫生间等湿度大的地方。

按原料、工艺分类可分为纸面石膏板龙骨，浇注石膏加筋龙骨。

按外形，石膏龙骨可分为：矩形龙骨，工字形龙骨。

可用于现装石膏板、水泥刨花板隔墙和预制石膏复合板及粘结石膏单板的保温复合外墙。

石膏龙骨规格：

品名	一般规格尺寸		
	长度	宽度	厚度
矩形龙骨	2 400,2 500,2 750,3 000	68	25
工字形龙骨 1	2 400,2 500,2 750,3 000,3 500,4 000	68	92
工字形龙骨 2	2 400,2 500,2 750,3 000,3 500,4 000	68	118

石膏龙骨一般用于现装石膏板隔墙,采用 900 mm 宽石膏板时,龙骨间距为 453 mm,当采用 1 200 mm 宽石膏板时,龙骨间距为 603 mm,隔声墙的龙骨间距一律为 453 mm,并错位排列。当墙高超过 3 000 mm 时,则需要加设横撑龙骨。

龙骨安装采用填塞木楔法,木楔子接触面须涂抹胶黏剂,木楔子要打紧;横撑龙骨也要用胶黏剂粘牢。

石膏龙骨安装的施工顺序:墙位防线—墙基施工—墙体四框黏贴石膏板条—安装竖向龙骨—安装横向龙骨。

沿墙身四框黏贴石膏板条,其背面须均匀涂抹胶黏剂与基层牢固粘结,周边要找直。龙骨须由墙的一端排列安装,若墙上有窗口时,先安装窗口一侧龙骨,再安装另一侧龙骨。

3. 面层

立筋式隔墙的面板多为人造板,如石膏板、纤维板、胶合板、铝合金板、铝合金装饰条板等。

板材安装:

①木板材面板安装　底板的背面应作卸力槽,以免板面弯曲变形。卸力槽一般间距为 100 mm,槽宽 10 mm,深 5 mm 左右。在木龙骨表面上刷一层白乳胶,采取胶钉方式连接底板与木龙骨,要求布钉均匀。根据底板厚度选用固定板材的铁钉或气钉长度,一般为 25~30 mm,钉距宜为 80~150 mm。一般钉长是木板厚度 2~2.5 倍,然后先给钉帽涂防锈漆,钉眼再用油性腻子抹平。

留缝工艺的饰面板装饰,要求饰面板尺寸精确,缝间中距一致,整齐顺直。板边裁切后,必须用细砂纸砂磨,饰面板与底板的 固定方式为胶钉的方式。

如果在两个不同交接面之间存在高差、转折或缝隙,那么表面就需要用线条造型修饰,常采用收口线条来处理。安装封边收口条时,钉的位置应在线条的凹槽处或背视线的一侧。

②石膏板安装　单层石膏板墙的安装及构造:

A. 装单层石膏板墙时,板与轻钢龙骨的固定采用 Φ3.5 mm × 25 mm 高强自攻螺钉,石膏板周边的自攻螺钉中心间距最大为 200 mm,石膏板在中间龙骨的螺钉中心间距最大为 300 mm。

B. 单层石膏板安装完毕后,即用嵌缝石膏腻子(用嵌缝石膏粉∶水 =1∶0.6 调制而成)处理石膏板之间接缝,并用石膏腻子将钉眼补平。石膏板墙体的接缝处理是一道很重要的施工工序,如果接缝处理不恰当,会发生板面不平整和板缝开裂等现象,将直接影响施工质量和降低隔墙的隔音效果。(图 4-10)

C. 在石膏板隔墙空腹中,待穿管线等安装就绪后,再铺设岩棉板,其安装方法:先将岩棉固定钉(塑料成品),用 792 胶或 401 胶、氯丁橡胶等粘结剂,按钉距约 500 mm 粘贴在石膏板上,粘贴牢固后(约 12 小时),再将岩棉板安装在岩棉固定钉上,然后将固定钉的压圈压紧即成。如果隔墙空腹中需填满岩棉板,

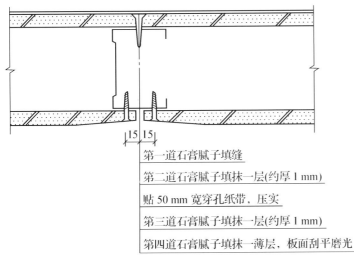

第一道石膏腻子填缝
第二道石膏腻子填抹一层(约厚 1 mm)
贴 50 mm 宽穿孔纸带, 压实
第三道石膏腻子填抹一层(约厚 1 mm)
第四道石膏腻子填抹一薄层, 板面刮平磨光

图 4-10　石膏板安装结构示意

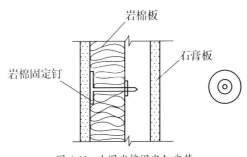

图 4-11　右图岩棉固定钉安装

即岩棉厚度与龙骨宽度相等(或基本相等)时,可不用岩棉固定钉。(图 4-11)

D.安装纸面石膏板时,石膏板的上、下两端与结构构件之间应留有 6~8 mm 的间隙,用建筑嵌缝膏(即密封膏)进行填缝,作为石膏板隔墙的第二道密封。施工时,将管状的建筑嵌缝膏先装入嵌缝枪内,再将其挤入预留的缝隙中即成。(图 4-12)

E.膏板隔墙的阳角处理:在隔墙转角的阳角处及隔墙的自由墙端处,需要金属护角(铝质)处理即在金属护角的两侧小孔中,用 12 mm 长的圆钉先固定钉牢在石膏板上,再用石膏腻子补平,然后将腻子磨光即成。(图 4-13)

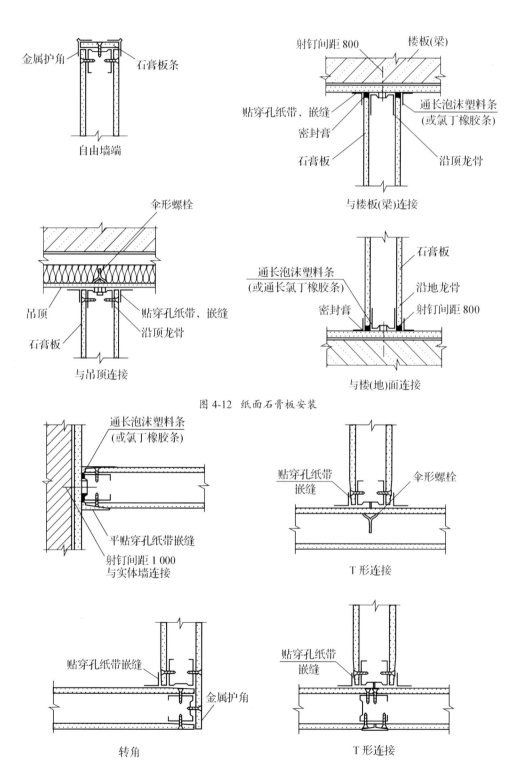

图 4-12 纸面石膏板安装

图 4-13 石膏板隔墙阳角和阴角的处理

F.石膏板隔墙的阴角处理:在刮有石膏腻子的隔墙阴角处,使用穿孔纸带折角器(见本节"石膏板施工机具"),将穿孔纸带折成直角贴在阴角上,再用"滚抹"压平,然后用石膏腻子刮平磨光即成。

G.当石膏板隔墙用作防火墙时(即耐火等级墙体),不得将石膏板固定在沿地、沿顶龙骨上。

H.进行石膏板嵌缝处理时,注意在刮石膏腻子过程中,不要用刮刀重复多次刮同一个地方,以免石膏腻子的水分更快地被石膏板表面吸收和在空气中蒸发,致使石膏腻子形成大小不一的颗粒而难以刮平。一般正确熟练的做法,只需用刮刀刮1至2刀(最多2至3刀),即可刮平,质量较好。

I.石膏板面上的钉眼须用石膏腻子补平。当隔墙的板表面采用涂料、油漆或一般塑料壁纸装饰,应先用较稀的石膏腻子对板面满刮一层,使石膏板墙面的底色基本相同,以避免色差反而影响最终装饰效果。

③胶合板和纤维(埃特板)板、人造木板安装 安装胶合板、人造木板的基体表面,需用油毡、釉质防潮时,应铺设平整,搭接严密,不得有皱折、裂缝和透孔等。胶合板、人造木板采用直钉固定,如用钉子固定,钉距为80~150 mm,钉帽应打扁并钉入板面0.5~1 mm;钉眼用油性腻子抹平。需要隔声、保温、防火的应根据设计要求在龙骨安装好后,进行隔声、保温、防火等材料的填充;一般采用玻璃丝棉或30~100 mm岩棉板进行隔声、防火处理;采用50~100 mm苯板进行保温处理,再封闭罩面板。墙面用胶合板、纤维板装饰时,阳角处宜做护角;硬质纤维板应用水浸透,自然阴干后安装。胶合板、纤维板用木压条固定时,钉距不应大于200 mm,钉帽应打扁,并钉入木压条0.5~1 mm,钉眼用油性腻子抹平。墙面安装胶合板时,阳角处应做护角,以防板边角损坏,并可增加装饰。在湿度较大的房间,不得使用未经防水处理的胶合板和纤维板。

④塑料板安装 塑料板安装方法,一般有粘结和钉结两种。(聚氯乙烯塑料装饰板用胶粘剂粘结)

粘结:用刮板或毛刷同时在墙面和塑料板背面涂刷,不得有漏刷。涂胶后见胶液流动性显著消失,用手接触胶层感到粘性较大时,即可粘结。粘结后应采用临时固定措施,同时将挤压在板缝中多余的胶液刮除,将板面擦净。

钉接:安装塑料贴面板复合板应预先钻孔,再用木螺丝加垫圈紧固。也可用金属压条固定。木螺丝的钉距一般为400~500 mm,排列应一致整齐。

加金属压条时,应拉横竖通线拉直,并应先用钉子将塑料贴面复合板临时固定,然后加盖金属压条,用垫圈找平固定。

⑤铝合金装饰条板安装 用铝合金条板装饰墙面时,可用螺钉直接固定在结构层上,也可用锚固件悬挂或嵌卡的方法,将板固定在墙筋上。

4.板材式(条板式)隔墙

板材隔墙是指不需设置隔墙龙骨,由隔墙板材自承重,将预制或现制的隔墙板材直接固定于建筑主体结构上的隔墙工程。由于板材隔墙是用轻质材料制成的大型板材,施工中直接拼装而不依赖骨架,因此它具有自重轻、安装方便、施工速度快、工业化程度高的特点。隔墙板全称是轻质隔墙条板,包括玻璃纤维增强水泥条板、玻璃纤维增强石膏空心条板、钢丝(钢丝网)增强水泥条板、轻混凝土条板、复合夹芯轻质条板等等。

安装条板的方法一般有上加楔和下加楔两种,通常采用下加楔比较多,具体做法是先在板顶和板侧浇水,满足吸水性的要求,再在其上涂抹胶黏剂,使条板的顶面与平顶顶紧,下面用木楔从板底两侧打进,调整板的位置达到设计要求,条板厚度大多为60~100 mm,宽度为600~1 000 mm,长度略小于房间净高。安装时,条板下部先用一对对口木楔顶紧,然后用细石混凝土堵严,板缝用粘结砂浆或粘结剂进行粘结,并用胶泥刮缝,平整后再做表面装修。

石膏空心条板隔墙施工工艺:条板隔墙安装工程应在防水层做完,做地面找平层之前进行。

首先需清理隔墙板与顶面、地面、墙面的结合部,尽力找平。在地面、墙面及顶面根据设计位置,弹好隔墙边线及门窗洞边线。有抗震要求时,应按设计要求用 U 形钢板卡固定条板的顶端。在两块条板顶端拼缝之间用射钉将 U 形钢板卡固定在梁或板上,随安板随固定 U 形钢板卡。隔墙板安装顺序应从与墙的结合处或门洞边开始,依次顺序安装。在墙面、顶面、板的顶面及侧面(相拼合面)先刷 SG791 胶液一道,再满刮将石膏粉与 SG791 胶 1∶0.6~1∶0.7 配制成的胶泥,铺设条板。用木楔顶在板底,使隔墙板挤紧顶实,然后用开刀(腻子刀)将挤出的胶粘剂刮平。隔墙板安装后 10 天,检查所有缝隙是否粘结良好,有无裂缝,如出现裂缝,应查明原因后进行修补。已粘结良好的所有板缝、阴角缝,先清理浮灰,再刷 SG791 胶液粘贴 50 mm 宽玻纤网格带,转角隔墙在阳角处粘贴 200 mm 宽(每边各 100 mm 宽)玻纤布一层。干后刮 SG791 胶泥。

一般用单层板作为分室墙和隔墙,亦可用两层空心条板,中设空气层或矿棉组成分户墙。墙板和梁板的连接,一般采用下楔法,即下部用木楔楔紧后灌填干硬性混凝土。其上部的固定方法有两种:一种为软连接,另一种为直接顶在楼板或梁下,为施工方便多数采用后一种方法。墙板之间、墙板与顶板以及墙板侧边与柱、外墙等均用 107 胶水泥砂浆粘结;凡墙板宽度小于板宽时,可根据需要随意锯开再拼装粘结。

墙板的空心部位可穿电线,板面上固定电门,插销可按需要钻成小孔,塞粘圆木固定于上。规格:增强石膏空心条板的规格按普通住宅用的板和公用建筑用的板区分。(图 4-14)

图 4-14 石膏空心条板隔墙

第二节 柱体装饰结构工程

柱体装饰在装修工程中虽然工程量不大,但能体现装饰工艺的技术水平。由于柱体一般都处于室内的显著位置,距人们的视线近,而且与人们频繁接触,因此要求柱体装饰造型准确,工艺处理要求精细。

一、柱体的类型

柱体的类型通常有方柱、圆柱、椭圆柱、造型柱、功能柱等。(图 4-15)

造型柱:根据立体构成艺术效果,原有柱体不能满足现有的装饰作用,需要在原有柱体上重新造型。

功能柱:是指既有装饰作用,又有实用功能的柱体,最常见的是带有展架和外框的柱体,而柱体上的展框架有落地式和悬空式两种。

二、柱体装饰结构

1. 木龙骨结构:一般采用横截面为 30 mm × 40 mm,25 mm × 30 mm 的长条木方制龙骨骨架。材质为松木。

2. 钢龙骨结构:竖向龙骨用角钢,横向龙骨用扁铁。

图 4-15　各种柱型效果

3. 钢木龙骨混合结构:此种柱体常用于独立的门柱、装饰柱、造柱(建筑原本没有柱体)。

4. 钢架钢网水泥砂浆结构:此种结构的柱体常用来作装饰石柱和其他装饰柱(如罗马柱)。

三、柱体的装修施工

一般常见柱体的装修施工:有方柱施工、圆柱施工、方改圆、圆改方、造柱。常见柱体的饰面:涂料、木材油漆、石材、玻璃镜面、铝合金板、不锈钢板等。而柱体的装饰原则则需要不能破坏原建筑柱体的形状,不能损伤柱体的承载能力。

1. 木龙骨结构

首先确定需装饰的轮廓,在需固定处弹线。木骨架是用木方连接,主要用于木材油漆饰面、粘贴饰面板、不锈钢饰面板等。沿着垂线,在顶、地面之间竖起竖向龙骨。用角铁分别在柱体的顶部和底部将竖向龙骨固定。角铁与竖向龙骨之间用螺钉固定,角铁与顶、地面之间用膨胀螺栓或射钉固定。

横向龙骨主要是具有弧形的装饰柱体之用。其作用一方面是龙骨架的支撑件,另一方面是造型。横向龙骨与竖向龙骨的连接通常是圆柱等弧形面柱体用槽接法。而方柱和多角柱可用加胶钉接法。槽接法是在横向,竖向龙骨上分别开出半槽,两龙骨在槽口出处对接,槽接法也需在槽口处加胶加钉固定。横向龙骨之间的间隔距离,通常为 300 mm 或 400 mm,圆形柱体为保证装饰柱体的稳固,通常在原建筑柱体上安装支撑杆件,使之与装饰柱体骨架固定连接。

2. 钢龙骨的制作与安装

钢龙骨的制作、安装与木龙骨基本相同,所不同的是:

(1)竖向龙骨是用角钢,横向龙骨用扁铁,扁铁是用模具弯圆。

(2)横竖龙骨用焊接方法连接,但焊点与焊缝不得在柱体框架的外表面,否则将影响柱体表面安装的平整性。

(3)钢骨架主要用于铝合金饰面、石材饰面的安装。

3. 钢木混合结构柱体施工工艺(一般用于造柱)

钢木混合结构的柱体常用于独立的门柱、门框架、装饰柱等装饰体,目的是为保证这些装饰体既有足够的强度、刚度,又便于进行饰面处理,现以最常见的方形柱,来阐明钢木混合结构柱的施工方法。

(1)混合结构的材料

①钢架结构通常采用角钢焊接组成,角钢框架常见的有两种形式;一种是先焊接横档方框,然后将竖向角钢与横档方框焊接;柱体边长或直径小于 300 mm,高度小于 3 m,可选用 3 cm × 3~5 cm × 5 cm 的角钢。高于 3 m 的柱体采用的角钢尺寸规格可适当选大,钢架结构中竖向角铁的规格大于横档角铁。

②混合结构中采用厚 15 mm 左右的木夹板为基面板。

③采用木方为钢木的衔接体,木方截面一般不小于 30 mm × 30 mm。

（2）混合结构的框架施工。

①角钢框架的焊接 将竖向角钢与横档钢同时焊接组成框架。横档角钢的间隔为 600~1 000 mm 之间。角钢架与地面、顶面常用预埋件来连接固定。预埋件一般为环头螺栓，数量为 4 只，长度为 100 mm 左右。如果地面、顶面结构不允许用预埋件，也可用 M10~M14 的膨胀螺栓来固定，其数量为 6~8 只，但长度在 60 mm 左右，不能过短，否则将影响固定的稳定性。

②混合结构的木方及木夹板的安装 将四面刨平的木方与角钢同时钻孔，用 M6 的平头长螺栓把木方固定在角钢上，并检查木方的方正度。为了便于安装与进行饰面，混合结构的柱体常用厚木夹板做基面，其安装方式有两种，一是直接钉在混合结构柱上，二是安装在角钢上。

首先将先切割出的两块宽度略大于柱边长的厚木夹板(一般长出 2~3 mm 左右，其目的便于安装后修边)，用螺栓或钉子固定在角钢上或木方上，螺钉头必须沉入木板平面以下 2~3 mm。其次，再将切割出两块宽度比柱边长少 2 个板厚尺寸的厚木夹板，侧边涂刷万能胶，卡在上述已安装好的两板之间。然后，用螺栓或铁钉与角钢或木方固定，螺钉头必须沉入木板平面以下 2~3 mm。最后，对对角处进行修边，使角位方正。(图 4-16)

4. 钢架铺钢丝网水泥结构的制作与安装

（1）该结构的柱体，常用做室内装饰石柱。

（2）施工工序为：制作方柱或圆柱形钢骨架并上下固定，横向龙骨的间隔尺寸应与石材料的高度相同。对骨架涂刷防锈漆。钢骨架表面先焊上 8 号左右的铁丝，然后钢丝网焊在铁丝上。钢网的钢丝为 16 号~18 号，网格为 20~25 mm。在钢丝网上批嵌基层水泥砂浆，水泥砂浆用 425 号水泥与中砂，其配比为 1：2.5。批嵌水泥砂浆时，批抹厚度均匀，大面平整，不要光滑绑扎在横向龙骨上的铜丝留出。最后安装方柱或圆柱石面板，其施工工艺过程同墙面石材饰面施工。

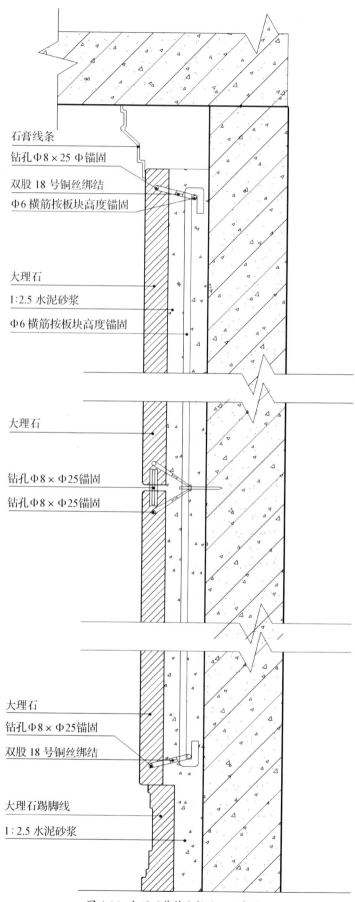

石膏线条
钻孔Φ8×25 Φ锚固
双股 18 号铜丝绑结
Φ6 横筋按板块高度锚固

大理石
1:2.5 水泥砂浆
Φ6 横筋按板块高度锚固

大理石

钻孔Φ8×Φ25锚固
钻孔Φ8×Φ25锚固

大理石
钻孔Φ8×Φ25锚固
双股 18 号铜丝绑结

大理石踢脚线
1:2.5 水泥砂浆

图 4-16 大理石装饰立柱施工示意图

第三节 墙面材料

墙面材料有木质墙面、涂料墙面、壁纸墙面、大理石墙面、瓷砖墙面。

一、装饰基层抹灰工艺

装饰基层抹灰是装饰工程的基础工序,许多的建筑墙面、柱面和顶棚面的涂料、裱糊、镶贴罩面板等饰面装修,都是以抹灰面作为基层。它不仅能起到找平基层的作用,还可以通过基层抹灰的防腐、防潮处理起到相应的功能性作用。

抹灰:指采用石灰砂浆、混合砂浆、聚和物水砂浆、麻刀灰、纸筋灰等对建筑物的面层抹灰和石膏浆罩面工艺。为了使抹灰层与基层粘结牢固,防止起鼓开裂,并使抹灰层的表面平整,保证工程质量,抹灰层应分层涂抹。抹灰层一般由底层、中层和面层(又称"罩面""饰面")组成。底层主要起与基层(基体)粘结作用,中层主要起找平作用,面层主要起装饰美化作用。(图4-17)

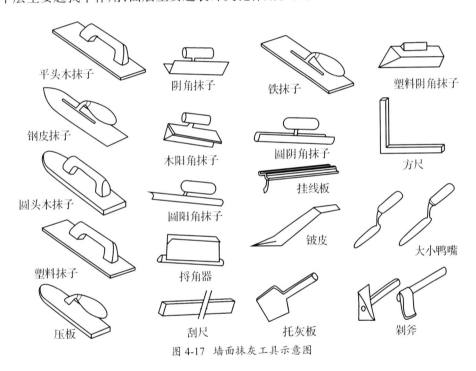

图 4-17 墙面抹灰工具示意图

二、墙面抹灰施工方法

普通抹灰:一层底层和一层面层或不分层一遍成活。分层擀平、修整、表面压光。

中级抹灰:一层底层、一层中层和一层面层或一层底层和一层面层。阳角找方、设置标筋、分层擀平、修整、表面压光。

高级抹灰:一层底层、数层中层和一层面层。阴阳角找方、设置标筋、分层擀平、修整、表面压光。

抹灰施工工艺:屋面防水和上层露面面层完工。门窗口、预埋件、穿墙管道、预留洞口等位置正确安装牢固,缝隙用1:3水泥砂浆堵塞严。抹灰基层表面的油渍、灰尘、污垢等应清除干净,墙面提前浇水均匀湿透。对于砖墙,应在抹灰前一天浇水湿透。对于加气混凝土砌块墙面,因其吸水速度较慢,应提前两天进行浇水,每天宜两遍以上。对用钢模板施工过于光滑的混凝土墙面,如设计无要求时可不抹灰,用刮腻子处理。如需抹灰时,可采用墙面凿毛或用喷、扫的方法将1:1的水泥砂浆分散均匀地喷射到墙面上(水泥砂浆中宜掺入水泥量10%的901粘结剂搅拌均匀后使用),待结硬后才进行底层抹灰作业,以增强底层夹层灰与墙体的附着力。抹底层灰前,必须先找好规矩,即四角规方、横线找平、立线吊直、弹出基准线。属于中级和高级抹灰时,可先用托线板,检查墙面平整、垂直程度,并在控制阳角方正,过曲(可用方尺规方)的情况下,大致确定抹灰厚度后(最薄处不小于 7 mm)进行挂线,对于高级抹灰,应先将房间规方,可先在地面上弹出十字线作为准线,并结合墙面平整、垂直程度大致确定。墙面抹灰厚度,进行称线"打墩","打墩"时应先在左右墙角上各做一个标准墩,然后用线锤吊垂直线做墙下角两个标准,再在墙角左右两个标准之间通线,每隔 1.2~1.5 m 左右即在门窗上阳角等处上下各补做若干个砂浆墩。在墙体湿润的情况下进行抹底层灰,对混凝土墙体表面,应先刷扫水泥浆一遍,随刷随抹底层灰。底层灰宜采用 1:1:6 的水、水泥、黄砂组合的混和砂浆(或按设计要求)厚度为 5~7 mm。待底层灰稍干,再以同样砂浆抹中层灰,厚度宜为 7~9 mm。若中层灰过厚,则应分遍涂抹,然后以冲筋(打栏)为准,用压尺刮平找直,并用木磨板磨平。中层灰抹完磨平后,应全面检查其垂直、平整度,阴阳角是否方正、顺直。发现问题要及时修补(或返工)处理。待中层达到七成干后,即可抹纸筋灰罩面层(如间隔时间过长,中层灰过干时,应洒水湿润)。纸筋灰罩面厚度不得大于 3 mm,抹灰时要压实抹平。待灰浆稍干时,要及时压实,并可视灰浆干湿程度用灰匙蘸水抹压、溜光,使面层更为细腻光滑。窗洞口阳角墙面及阴角等部位要分别用阴阳角抹子推顺溜光。抹纸筋灰罩面层要粘结牢固,不得有匙痕、气泡、纸粒和接缝不平等现象,与墙边或梁边相交的阴角应成一条直线。面层主要起装饰作用,室内一般采用麻刀灰、纸筋灰、玻璃丝灰;高级墙面用石膏灰浆和水砂面层。装饰抹灰采用拉毛灰、拉条灰、扫毛灰等。保温、隔热墙面用膨胀珍珠岩灰。(图 4-18,图 4-19)

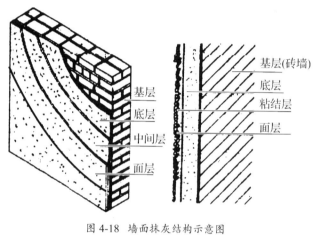

图 4-18 墙面抹灰结构示意图

图 4-19 墙面高级抹灰

三、石材墙、柱面施工工艺

石材墙面、柱面铺贴方法有几种,这里主要介绍湿挂法、干挂法和粘贴固定法。

1. 湿挂法

(1)湿贴

湿贴是一种传统的施工方法。传统的钢筋网挂贴法是将饰面石板打眼、剔槽,用铜丝或不锈钢丝绑扎在钢筋网上,再灌以水泥砂浆将板贴牢。由于造价低,对于较大规格的重型石板饰面工程来说其安全可靠性能有保障,所以一直被广泛采用。该工艺用于外墙面有许多弊病,不仅因水泥沙浆粘贴板材后碳酸氢钙析出(泛白霜)和出现水渍,使墙面石材变色,形成色差,污染墙面;而且还由于温度变化等原因,易造成墙面空鼓、开裂、甚至脱落等质量通病,为防止影响装饰效果,在安装天然石材之前,应对石板采用"防碱背涂剂"进行背涂处理。

湿挂法工艺是传统的铺贴方法,即在竖向基体上预设膨胀螺栓,焊接预挂钢筋网,用镀锌铁丝绑扎板材并灌注水泥浆或水泥石屑浆来固定石板材。适用于内墙面、柱面、水池立面铺贴大理石、花岗岩、人造石等饰面板材;也适用外墙面、勒角等首层铺贴花岗岩、大理石及人造石等,适于在砖砌基体上施工。

(2)湿挂法工艺

工艺流程:施工准备→基层处理→石材拆包整理→弹线→镶贴→灌浆→擦缝→清洁打蜡。

①钻孔、剔槽 安装前先将饰面板按照设计要求用台钻打眼,事先应钉木架使钻头直对板材上端面,

在每块板的上、下两个面打眼,孔位打在距板宽的两端 1/4 处,每个面各打两个眼,孔径为 5 mm,深度为 12 mm,孔位距石板背面以 8 mm 为宜。如复合石材,板材宽度较大时,可以增加孔数。钻孔后用云石机轻轻剔一道槽,深 5 mm 左右,连同孔眼形成象鼻眼,以备埋卧铜丝之用。

若饰面板规格较大,如下端不好拴绑镀锌钢丝或铜丝时,亦可在未镶贴饰面的一侧,采用手提轻便小薄砂轮,按规定在板高 1/4 处上、下各开一槽(槽长 30~40 mm,槽深约 12 mm 与饰面板背面打通,竖槽一般居中,亦可偏外,但以不损坏外饰面板和不泛碱为宜),可将镀锌铅丝或铜丝卧入槽内,便可拴绑与钢筋网固定。此法亦可直接在镶贴现场操作。

②穿铜丝或镀锌铅丝　把备好的铜丝或镀锌铅丝剪成长 20 mm 左右,一端用木楔粘环氧树脂将铜丝或镀锌铅丝插入孔内固定牢固,另一端将铜丝或镀锌铅丝顺孔槽弯曲并卧入槽内,使复合石材上、下端面没有铜丝或镀锌铅丝突出,以便和相邻石板接缝严密。

③焊钢筋网　首先剔出墙上的预埋件,把墙面镶贴石材的部位清扫干净。先绑扎一道竖向直径为 6 mm 钢筋,并把绑好的竖筋用预埋筋弯压于墙面。横向钢筋为绑扎复合石材板材所用,如板材高度为 600 mm 时,第一道横筋在地面以上 100 mm 处与主筋绑牢,用作绑扎第一层板材的下口固定铜丝或镀锌铅丝。第二道横筋绑在 500 mm 水平线上 70~80 mm,比石板上口低 20~30 mm 处,用于绑扎第一层石板上口固定铜丝或镀锌铅丝,再往上每 600 mm 绑一道横筋即可。

④弹线　首先将要贴复合石材的墙面、柱面和门窗套用大线坠从上至下找出垂直。应考虑复合石材板材厚度、灌注砂浆的空隙和钢筋网所占尺寸,一般为复合石材外皮距结构面的厚度应以 50~70 mm 为宜。找出垂直后,在地面顺墙弹出复合石材石等外廓尺寸线。此线即为第一层复合石材等的安装基准线。编好号的复合石材板等在弹好的基准线上画出就位线,每块留 1 mm 缝隙(如设计要求拉开缝,则按设计规定留出缝隙)。

⑤石材防护剂(防碱)处理　石材表面充分干燥(含水率不应小于 8%)后,用石材防护剂进行石材背面及四边切口的防护处理。石材正立面保护剂的使用应根据设计要求。如设计要求立面涂刷保护剂,此道工序必须在无污染的环境下进行,将石材平放于木枋上,用羊毛刷蘸上防护剂,均匀涂刷于石材表面,涂刷必须到位,第一遍涂刷完间隔 24 小时后用同样的方法涂刷第二遍石材防护剂。

⑥基层准备　清理预作饰面板石材的墙体表面,要求墙面无疏松层、无浮土和污垢,清扫干净。同时进行吊直、套方、找规矩,弹出垂直线水平线。并根据设计图纸和实际需要弹出安装石材的位置线和分块线。

⑦安装花岗石　按部位、按编号取石板用铜丝或镀锌铅丝,将石板就位,石板上口外仰,右手伸入石板背面,同时把下口铜丝或镀锌铅丝绑扎在横筋上,绑时不要太紧可留余量,只要把铜丝或镀锌铅丝和横筋拴牢即可。把石板竖起,便可绑复合石材石板上口铜丝或镀锌铅丝,并用木楔子垫稳,块材与基层间的缝隙一般为 30 mm~50 mm。用靠尺板检查调整木楔,再拴紧铜丝或镀锌铅丝,依次向另一方进行。柱面可按顺时针方向安装,一般先从正面开始。第一层安装完毕再用靠尺板找垂直,水平尺找平整,方尺找阴阳角方正,在安装石板时如发现石板规格不准确或石板之间的空隙不符,应用铅皮垫牢,使石板之间缝隙均匀一致,并保持第一层石板上口的平直。找完垂直、平直、方正后,用碗调制熟石膏,把调成粥状的石膏贴在复合石材石板上下之间,使这两层石板结成一整体,木楔处亦可粘贴石膏,再用靠尺检查有无变形,等石膏硬化后方可灌浆。

⑧分层灌浆　把配合比为 1:2.5 的水泥砂浆放入半截大水桶加水调成粥状,用铁簸箕舀浆徐徐倒入,注意不要碰到石材板,边灌浆边用小铁棍轻轻插捣,使灌入砂浆排气。第一层浇灌高度为 150 mm,不能超过石板高度的 1/3,隔夜再浇注第二层,每块板分三次灌浆,第一层灌浆很重要,因要锚固石材板的下口铜丝又要固定石材板,所以要谨慎操作,防止碰撞和猛灌。如发生石材板外移错动应立即拆除重新安装。

⑨擦缝、清洁　全部石板安装完毕后,清除所有石膏和余浆痕迹,用抹布擦洗干净,并按石材板颜色

调制色浆嵌缝,边嵌边擦干净,使缝隙密实、均匀、干净、颜色一致。

⑩柱子贴石材饰面板 安装柱面复合石材,其弹线、钻孔、绑钢筋和安装等工序与镶贴墙面方法相同,要注意灌浆前用木枋子钉成槽形木卡子,双面卡住石材板,以防止灌浆时复合石材板外胀。

2.干挂法

(1)干挂石材

干挂石材是建筑外墙的一种施工工艺,该工艺是利用耐腐蚀的螺栓和耐腐蚀的柔性连接件,将大理石、花岗石等饰面石材直接挂在建筑结构的外表面,石材与结构之间留出 40~50 mm 的空腔。用此工艺做成的饰面,在风力和地震力的作用下允许产生适量的变位,以吸收部分风力和地震力,而不致出现裂纹和脱落。当风力、地震力消失后,石材也随结构而复位。

(2)干挂法施工工艺

干挂法施工工艺即在饰面石材上直接打孔或开槽,用各种形式的连接件(干挂构件)与结构基体上的膨胀螺栓或钢架相连接,而不需要灌注水泥砂浆,使饰面石材与墙体间形成80~150 mm 宽的空气流通层的施工方法。其主要优点是施工相对简便,可减除基面处理和灌浆等工作量,避免了石材在使用过程中发生各种石材病症。(图 4-20,图 4-21,图 4-22)

用这种施工方法,可有效减轻建筑物自重以及提高抗震性能,并能适应较为复杂多变的墙体造型装饰工程。板材与板材之间的拼接缝一般为6~8 mm,嵌缝处理后增加了立体的装饰效果。

这种施工方法与湿做法的不同点是:为保证石材有足够的强度和使用的安全性,必须增加石板材的厚度(≥ 18~20 mm),这样就要求悬挂基体必须具有较高的强度,才能承受饰面传递过来的外力。所用的连接件和膨胀螺栓等也必须具有较高强度和耐腐蚀性,最好选用不锈钢件方可适应这种施工要求。所以,石板干挂法工艺施工成本比湿做法要高出很多。

干挂法有很多种,根据所用连接件形式的不同主要分为销针式(钢销式)、板销式、背挂式。

图 4-20 干挂件

施工现场 1

施工现场 2

图 4-21

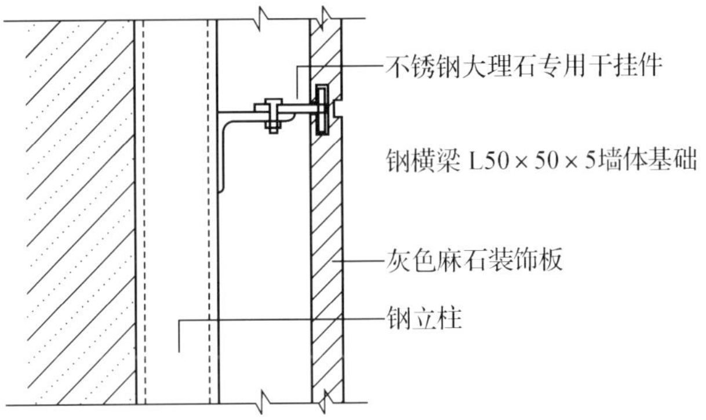

图 4-22 干挂节点示意图

①销针式 在板材上下端面打孔,插入 Φ5 mm 或 Φ6 mm(长度宜为 20~30 mm)不锈钢销,同时连接不锈钢舌板连接件,并与建筑结构基体固定。其 L 型连接件,可与舌板为同一构件,即所谓"一次连接"法;亦可将舌板与连接件分开,并设置调节螺栓,成为能够灵活调节进出尺寸的所谓"二次连接"法。

②板销式 将上述销针式勾挂石板的不锈钢销改为 ≥ 3mm 厚(由设计经计算确定)的不锈钢板条式挂件(扣件),施工时插入石板的预开槽内,用不锈钢连接件(或本身即呈 L 型的成品不锈钢构件)与建筑结构体固定。

③背挂式 一种崭新的石材干挂法形式。它的施工可达到饰面板的准确就位,且方便调节、安装简易,可以消除饰面板的厚度误差。

在建筑结构立面安装金属龙骨,于石材背面开半孔,用特制的柱锥式的铆栓与金属龙骨架连接固定即成。

(3)施工步骤

板材钻孔→开槽→板块补→面处理及放线→板材安装→接缝处的处理板材钻孔或开槽。根据设计尺寸在石板的上、下端面钻孔,孔的口径为 Φ8 mm 左右,孔深为 22~33 mm,与所用不锈钢销的尺寸相适应并加适当空隙余量;采用板销固定石板时,可使用角磨机开出槽位。孔槽部位的石屑和尘埃应用气动风枪清理干净。

安装时应拉水平通线控制板块上、下口的水平度,可以利用托架、垫楔或其他方法将底层石板准确就位且做临时固定。板材应从最下一排的中间或一端开始,先安装好第一块石板作基准,平整度以灰饼标志或垫块控制,垂直度应吊线锤或用仪器检测;一排板安装完成后再进行上一排板的安装。板块安装时,用冲击电钻在基体上打孔插入金属膨胀铆螺栓,配用的角钢龙骨做好防腐处理后,与金属膨胀铆螺栓之间拧紧并焊死。

一般的不锈钢挂件都带有配套螺栓,因此安装 L 型不锈钢连接件及其舌板的做法可参照其使用说明。用环氧树脂类结构胶粘剂(符合性能要求的石板干挂胶有多种选择,由设计确定)灌入下排板块上端的孔眼(或开槽),插入 ≥ Φ5 的不锈钢销(或厚度 ≥ 3 mm 的不锈钢挂件插舌插入),然后校正板块,拧紧调节螺栓。

全部饰面安装完毕后,应将饰面板材清理干净,并且根据设计要求进行嵌缝处理,对于较深的缝隙,应先向缝底填入发泡聚乙烯圆棒条,外层注入石材专用的耐候硅酮密封胶。

3.粘贴固定法

粘贴固定法是指采用水泥砂浆、聚合物水泥浆及新型黏结材料等将天然石材饰面板直接贴粘固定于建筑结构基本表面。它与墙面粘贴施工方法相同,但要求镶贴高度限制在一定范围内。黏贴法适宜于大理石板的地面施工及小规格大理石板(边长 < 400 mm 或厚度 < 40 mm)的墙面、柱面施工。(图 4-23)

四、陶瓷墙、柱面施工工艺

釉面陶瓷内墙砖或称釉面内墙砖,也可简称釉面砖、瓷砖、瓷片等,是用于内墙贴面装饰的薄片精陶建筑材料。釉面砖表面光洁、耐酸碱腐蚀、方便擦拭清洗,加上各种配件砖相配套和极为丰富的颜色、图案装饰,镶嵌后的装饰效果非常好。其釉面细腻光亮如镜,规格一致性好,厚度薄等优点,用于内墙十分理想,尤其适合盥洗室、厨房、卫生间以及卫生条件要求非常严格的室内环境。

墙砖常见尺寸如右表,另外还有各种阴角、阳角、压顶、腰线等异形构件供选用。

①主体结构的施工及验收完毕。门窗框、窗台板施工及验收完毕。铝合金、塑钢门窗框边缝所用嵌塞材料要符合设计要求,且应塞堵密实并事先粘贴好保护膜。做好内隔墙和水电预埋管线,堵好管洞;洗面器托架、镜钩等附墙设备应预埋防腐木砖,位置要准确。

图4-23 大理石墙面粘贴施工现场

长(mm)	宽(mm)
600	300
250	330
165	165
100	100

②完成墙顶抹灰、墙面防水层、地面防水层和混凝土垫层。

③如室内层高、墙面大,需搭设脚手架时,其横竖杆及拉杆等应离开门窗口角和墙面150~200 mm,架子的步高要符合设计要求。

④大面积铺贴内墙砖工程应做样板,经质量部门检查合格后,正式施工。

A. 基层为混凝土:剔凿基体凸出部分。如有隔离油污等,可先用10%浓度的火碱水洗干净,再用清水冲洗干净。将1:1水泥细砂浆(可掺适量胶粘剂)喷或甩到基体表面作毛化处理,待其凝固后,分层分遍用1:3水泥砂浆打底,批抹厚度约10 mm,最后用抹子搓平呈毛面,隔日洒水养护。

B. 基层为砖墙:将基层表面的灰尘清理干净,浇水润湿。用1:3水泥砂浆打底,批抹厚度约10 mm,要分层分遍进行操作;最后用抹子搓平呈毛面,隔日洒水养护。

C. 基层为加气混凝土:用水湿润其表面,在缺棱掉角部位刷聚合物水泥砂浆一道,用1:3:9水、水泥、石灰膏混合砂浆分层补平,干燥后再钉一层金属网并绷紧。在金属网上分层批抹1:1:6混合砂浆打底,砂浆与金属网连接要牢固,最后用抹子搓平呈毛面,隔日洒水养护。

D. 纸面石膏板或其他轻质墙体材料基体:将板缝按具体产品及设计要求做好嵌填密实处理。板缝应添防潮材料,并粘贴嵌缝带(穿孔纸带或玻璃纤维网格布等防裂带)作补强,使之形成整体墙面,相邻的砖缝应避免在板缝上。建议在板材表面用清漆打底,以通过降低板面吸水率而增加粘接力。(图4-24)

首先用托线板检查墙体平整、垂直程度,由此确定抹灰厚度,但最薄不应少于7 mm。遇墙面凹度较大处要分层涂抹,严禁一次抹得

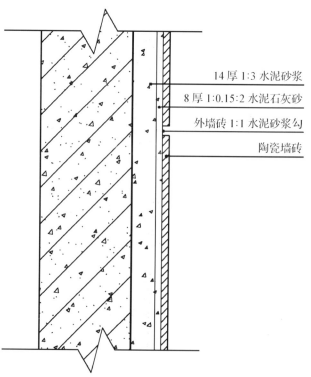

14厚1:3 水泥砂浆

8厚1:0.15:2 水泥石灰砂

外墙砖1:1 水泥砂浆勾

陶瓷墙砖

图4-24 墙面陶瓷贴面结构示意图

太厚,以防空鼓开裂。在 2 000 mm 左右高度,距两边阴角 100~200 mm 处,分别做一个标块,大小可为 50 mm×50 mm,厚度以墙面平整和垂直决定,常用 1:3 水泥砂浆(或用水泥:白灰膏:砂 = 1:0.1:3 的混合砂浆)。根据上面两个标块用托线板挂垂直线做下面两个标块,或位于踢脚线上口,在两个标块的两端砖缝分别钉上小钉子,在钉子上拉横线,线距标块表面 1 mm,根据小线做中间标块,厚度与两端标块一样。标块间距为 1 000~1 500 mm,在门窗口垛角处均应做标块。

墙面浇水润湿后,在上下两个标块之间先抹一层宽度为 100 mm 左右的 1:3 水泥砂浆,稍后抹第二遍凸起成八字形,应比标块略高,然后用木杠两端紧贴标块左右上下来回搓动,直至把标筋与标块搓到一样平为止。

先薄薄抹一层,再用刮杠刮平,木抹子搓平后再抹第二遍,与标筋找平;其次是掌握好抹底灰的时间。过早易将标筋刮坏,产生凹现象;过晚待标筋干了,抹上的底子灰虽然看似与标筋齐平了,可待底灰干了,便会出现标筋高出墙面现象。不同的基层墙面具体做法也有所不同。

先在墙面上浇水润湿,紧跟着分层分遍抹 1:3 水泥砂浆底子灰,厚度约 12 mm,吊直、刮平,底灰要扫毛或划出横向纹道,24 小时后浇水养护。

混凝土墙面:先刷一道 10% 的 107 胶水溶液,接着分层分遍抹 1:3 水泥砂浆底灰,每层厚度以 5~7 mm 为宜。底层砂浆与墙面要粘结牢固,打底灰要扫毛或划出纹道。

加气混凝土或板:先刷一道 20% 的 107 胶水溶液,紧跟着分层分遍抹 1:0.5:4 水泥混合砂浆,厚度约 7 mm,吊直、刮平,底子灰要扫毛或划出纹道。待灰层终凝后,浇水养护。

根据设计要求和选砖结果及铺贴釉面砖墙面部位的实测尺寸,从上至下按皮数排列。铺贴釉面砖一般从阳角开始,非整砖应排在阴角或次要部位,小余数可用调缝解决。如果缝宽无具体要求时,可按 1~1.5 mm 计算。排在最下一皮的釉面砖下边沿应比地面标高低 10 mm。

顶天棚铺砖,可在下部调整,非整砖留在最下层;遇有吊顶铺砖时,砖可伸入棚内 50 mm,如竖向排列余数不大于半砖时,可在下边铺贴半砖,多余部分伸入棚内。

在卫生间、盥洗室等有洗面器、镜箱的墙面铺贴釉面砖,应将洗面器下水管中心安排在釉面砖中心或缝隙处。

为了防止釉面砖在水泥砂浆未硬化前下坠,可根据排砖弹线结果,在最低一皮砖下口垫好底尺(木尺板),顶面与水平线相平,作为第一皮釉面砖的下口标准。

在铺贴釉面砖前将砖浸水 2h,晾干后,可用 1:1 水泥砂浆或水泥素浆铺贴釉面砖。在釉面砖背面均匀地抹满灰浆,以线为标准,位置准确地贴于润湿的找平层上,用小灰铲木把轻轻敲实,使灰挤满。贴好几块后,要认真检查平整度和调整缝隙,发现不平砖要用小铲将其敲平,亏灰的砖,应及时添灰重贴,对所铺贴的砖面层,严格进行自检,杜绝空鼓、不平、不直的毛病。照此方法一皮一皮自下而上铺贴。从缝隙中挤流出的灰浆要及时用抹布、棉纱擦净。

用专用的嵌缝剂嵌缝,要求均匀、密实,以防渗水。最后用清水将砖面冲洗干净,用棉纱擦净。

五、裱糊施工工艺

(1)裱糊施工工艺

裱糊装饰工程是指将各种墙纸(壁纸)、金属箔、波音软片等材料粘贴在室内的水泥砂浆或混凝土墙面、石膏板墙面以及顶棚、梁柱表面的装饰工程。裱糊的材料种类繁多,色彩及花纹图案变化多样,质感强烈,具有良好的装饰效果。同时还具有一定的吸音、隔声、保温及防菌等功能,所以被广泛地用于宾馆、会议室、办公室及家居的内墙装饰。(图 4-25)

①施工前的准备

A.常用工具:薄钢片刮板或橡胶刮板、绒毛辊筒、橡胶辊筒、压缝压辊、铝合金直尺、钢板抹子、钢卷尺、油灰刀、水平尺、排笔、板刷、注射用针管和针头、砂纸机、铅砣(线锤、线坠)、活动裁纸刀、水桶、托线

板、涂料搅拌机、白毛巾、合梯、工作台等。(图 4-26)

B.胶粘剂:裱糊壁纸使用胶粘剂主要有聚乙烯醇缩甲醛胶(107 胶)和聚醋酸乙烯乳液等。

墙纸、壁布裱糊前,应在基层表面先刷防潮底漆,以防止墙纸、壁布受潮脱胶。防潮底漆用酚醛清漆或光油:200 号溶剂汽油(松节油)=1:3(重量比),混合后可以涂刷,也可喷刷,漆液不宜厚,应均匀一致。

图 4-25　室内空间的墙纸装饰

底胶,其作用是封闭基层表面的碱性物质,防止贴面吸水太快,且随时校正图案和对花的粘贴位置,便于在纠正时揭掉墙纸;同时也为粘贴墙纸、壁布提供一个粗糙的结合面。底胶的品种较多,选用的原则是底胶能与所用胶粘剂相溶。在裱糊工程中,常用稀释的聚乙烯醇缩甲醛胶和掺有纤维素的底胶。

对于含碱量较高的墙面,需用纯度为 28% 的醋酸溶液与水配成 1:2 的酸洗液先擦拭表面,使碱性物质中和,待表面干燥后,再涂刷底胶。

C.底灰腻子:有乳胶腻子和油性腻子之分。

乳胶腻子其配比为聚醋酸乙烯乳液:滑石粉:甲醛纤维素(2% 溶液)=1:10:2.5;油性腻子其配比为石膏粉:熟桐油:清漆(酚醛)=10:1:2。

裁纸:这道工序很重要,直接影响墙面裱糊质量。

取一卷墙纸打开检查清楚花纹、图案、方向,确定哪个方向朝上后,以踢脚地板砖顶端为起点,用卷尺量准墙壁高度,然后把墙纸放在桌子上展开,涂胶面向上,花纹面朝下,量好长度后,用铅笔在背面划一条标线,接着用剪刀按铅笔线裁剪。 根据墙面分幅尺寸,按壁纸图案拼花要求裁好纸,编上相应号码,两头预留 30~50 mm 余量裁切。

②裁切壁纸时应注意事项

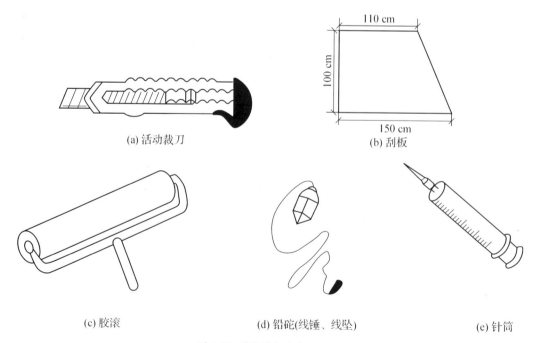

(a) 活动裁刀　　(b) 刮板

(c) 胶滚　　(d) 铅砣(线锤、线坠)　　(e) 针筒

图 4-26　裱糊壁纸的常用工具

A.注意花纹的上下方向的一致,并对应每条纸上端根据印花纹样,要在花纹循环的同一部位裁。长度根据墙面高度而定。

B.注意比较每条纸的颜色,如有微小差别,应以分类并分别贴在不同的墙面上。

C.裁纸时,要保证主要墙面花纹应对称完整,窄条或补条、接条应贴在较隐蔽处或有家具遮挡处。

D.窄条纸宜现用现裁,这是由于裱糊后的壁纸在宽度方向能胀出1 cm左右,墙面阴阳角处难免有误差。窄条下料时,应考虑对缝和错缝关系,并注意窄条上下端的宽度。手裁的一边只能错缝不能对缝。

提示:裁纸的尺寸主要根据要粘贴的部位下料。下料时,应比粘贴部位的尺寸长一点,壁纸在阴角部位,往往让其多一点富余,然后再将多余的部分切割掉。交接部位切割,壁纸必须大于要裱糊的实际尺寸,一般长3cm左右。例如:墙与吊顶的交接部位,考虑到吊顶可能会局部不平,如果不是壁纸顺着边缘贴密实,那么很可能在某一部位露出"白茬"。所以,采用壁纸上墙后直接用切割的方法使其达到密实。

测量墙面尺寸大小及纸的大小,如果是花色壁纸,每贴一次,都要将花色对整齐。

③纸闷水

所谓闷水,是指用清水湿润纸面,使其能够得到充分的伸缩,免得在裱糊时遇到胶粘剂而发生伸缩不匀。如若伸缩不匀,则在表面起皱,影响裱糊质量。

A.裱糊普通塑料壁纸,提前闷水是必要的。闷水方法:用排笔蘸清水湿润背面(即滑水),也可将裁好的壁纸卷成一卷放入盛水的桶中浸泡3~5分钟,然后拿出来将其表面的明水抖掉,再静置20分钟左右。如果铺贴壁纸时是将胶粘剂刷在墙面基层上直接铺贴,那么在铺贴时干的壁纸突然遇到湿的胶粘剂(由于遇水程度的差别)会造成不同程度的皱折现象,所以壁纸闷水是必要的。如果将胶粘剂刷在纸背面,然后涂抹胶粘剂后再胶面对胶面对折存放一会,(以S型对折放置10分钟左右)会使壁纸通过胶粘剂得以充分伸缩,同样起到了闷水的作用。所以,将胶粘剂刷在纸背面,可不再进行闷水这道工序。

B.基层应平整,同时墙面阴阳角垂直方正,墙角小圆角弧度大小上下一致,表面坚实、平整、色均、洁净、干燥,没有污垢、尘土、沙粒、气泡、空鼓等现象。对于附着牢固、表面平整的旧油性涂料墙面,应进行打毛处理以提高粘结强度。

C.安装于基面的各种开关、插座、电器盒等突出设置,应先卸下扣盖等影响裱糊施工的部分。

D.刷防潮底漆及底胶:基层处理经工序检验合格后,在处理好的基层上涂刷防潮底漆及一遍底胶,要求薄而均匀,墙面要细腻光洁,不应有露刷或流淌等。

(2)墙纸及墙面涂刷胶粘剂

墙纸和墙面须均匀的刷胶粘剂一遍,厚薄均匀。胶粘剂不能刷得过多、过厚、不均,以防溢出,墙纸避免刷不到位,防止产生起泡、脱壳、壁纸粘结不牢等现象。

> **提 示**
>
> 壁纸铺贴中胶粘剂刷在纸背面,胶面对胶面对折存放一会的起皱现象会比将胶粘剂刷在墙面基层上直接铺贴效果要好很多。

> **提 示**
>
> 闷水:发泡塑料壁纸吸水后能胀出1 cm左右,如在干壁纸上刷胶后马上上墙,会出现大量皱褶,不能成活。因此,应先把发泡壁纸放在水槽中浸泡,拿出水槽后把多余水抖掉,静置20分钟,使壁纸充分伸胀。

①壁纸刷胶液 将壁纸胶液用滚筒或者毛刷涂刷在裁好的壁纸背面,滚筒涂刷时应朝同一个方向滚,滚轮与壁纸成45°轻轻滚刷。不能来回滚刷,这样很容易使壁纸皱褶。涂刷时,动作应平稳,力度均匀,一手拿滚筒,另一只手固定在没有刷过胶水的地方,以免壁纸卷起。

特别注意要均匀涂抹,四周边缘也要涂满胶液,以确保施工品质。涂好的壁纸,涂胶面对折放置10分钟,使胶液完全透入纸底后即可张贴。每

次涂刷数张墙纸,并依顺序张贴。(图4-27)

②双面刷胶　应在墙面和壁纸背面进行双面刷胶。先在墙上准备粘贴壁纸的部位用滚筒沾满胶液涂刷一层胶,再将背面刷好胶的壁纸粘在刚刚已经刷过胶的墙上。这样的目的是为了使壁纸与墙面充分结合,提高粘结力。使壁纸更加稳固的贴敷在墙上。

③裱糊　首先找好垂直,然后对花纹拼缝,再用刮板将壁纸刮平。原则是先垂直方向后水平方向,先细部后大面。贴墙纸时要两人配合,一人用双手将润湿的墙纸平稳的拎起来,把纸的一端对准控制线上方10 mm左右处;另一人拉住墙纸的下端,两人同时将墙纸的一边对准墙角或门边,直至墙纸上下垂直,才用刮板从墙纸中间向四周逐次刮去。墙纸下的气泡应及时赶出,使墙纸紧贴墙面。拼贴时,注意阳角千万不要有缝,壁纸至少包过阳角150 mm,达到拼缝密实、牢固、花纹图案对齐。多余的胶粘剂应顺操作方向刮挤出纸边,并及时用干净湿润的白毛巾擦干,保持纸面清洁。

④壁纸上墙　贴壁纸时将刷胶后的壁纸展开上部折叠部分,贴于墙上,铺贴时需由上面下,左右方向亦须一致,循序渐进。按准心锤测出垂直基准线,依基准线由上而下张贴第一幅墙纸,挤出气泡与多余胶液,使墙纸平坦紧贴墙面。由内向外用塑料刮板或毛刷刮平壁纸,赶出气泡和多余的胶粘剂,用干净毛巾将壁纸缝擦净,最后用壁纸刀割去上下多余部分。(图4-28)

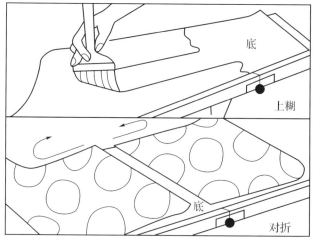

图4-27　墙面涂刷胶示意图

提　示

A. 壁纸背面刷胶时,纸正面上不应有明胶,多余的胶应用干燥棉丝擦去。

B. 刷胶不宜太厚,应均匀一致,纸背刷胶后,以S型对折置放10分钟。这样也便于壁纸方便上墙。

⑤对吻接缝　是壁纸铺贴工程中最主要的工序,直接决定墙面质量的好坏。

A. 壁纸接缝应先从一侧由上而下开始,上端不留余量,花纹接缝要吻合。要求缝严,用手或刮板将接缝处压平,使其对接固定。

B. 由对缝一边开始,上下同时用干净刮板从纸幅中间向上、下划动,不能从上下端向中间搽,应由内向外,搽压壁纸贴在墙上,不留气泡。搽气泡时,应注意纸对缝的地方,不要错缝或离缝。

C. 检查接缝时,检查有错缝或离缝的地方,并适当加以调整后,用棉丝压实,不能有"张嘴"现象。

⑥特别要注意阴、阳角部位处理

A. 阴角不对缝,采用搭缝做法。阴角搭缝做法是:先裱糊压在里面的一幅纸,阴角处和纸边要压实,无空鼓,然后铺贴搭缝在外面的一幅壁纸。

B. 为了防止使用中的接缝开胶或裂口,裱糊时不要在阳角部位留拼缝。阳角部位多采用包过去的方法,在阴角处拼缝。

C. 对于阴角部位,壁纸拼缝不要正好留在阴角处,而是搭入阴角1~2 cm。

D. 阴、阳角及窗台等部位易于积灰尘,应刷1~2遍胶粘剂,以保证粘结牢固。

E. 如果局部有卷边、脱胶现象,补贴时,可用毛笔蘸上白胶,将其补牢。这种现象多发生在窗台水平部位、墙与顶的相交部位。

裱糊壁纸的拼缝有对接、搭接和重叠裁切拼缝等。

对接拼缝是壁纸的边缘紧靠在一起,既不留缝,又不重叠。其优点是光滑、平整、无痕迹,具有完整流

(a) 对准墙面上糊

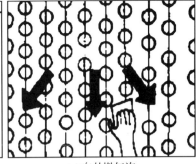
(c) 向外掸气泡

(d) 用刀背压实

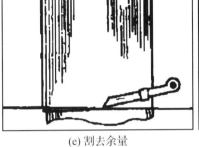
(e) 割去余量

(f) 拼接压实

(b) 剪去底部和顶部多余部分

图 4-28 贴壁纸示意图

畅之美。搭缝拼接是指壁纸与壁纸互相叠压一个边的拼缝方法。采用搭接拼缝时,在胶粘剂干到一定程度后,再用美工刀裁割壁纸,揭去内层纸条,小心撕去饰面部分,然后用刮板将拼缝处刮压密实。其方法简单,但易出棱边,美观性较差。

重叠裁切拼缝是把两幅壁纸接缝处搭接一部分,使对花或图案完整,然后用直尺对准两幅壁纸搭接突起部分的中心压紧,用美工刀用力平稳的裁切,裁刀要锋利,不要将壁纸扯坏或拉长,并且两层壁纸要切透。其优点是拼缝严密、吻合性好,处理好的拼缝在外观上看不出来。

⑦清理修整 裱糊完成后,要对整个粘贴面进行一次全面检查,粘贴不牢的,用针筒注入胶水进行修补,并用干净白色湿毛巾将其压实,擦去多余的胶液。对于起泡的粘贴面,可用裁纸刀剪或注射针头顺图案的边缘将墙纸割裂或刺破,排除空气。墙纸边口脱胶处要及时用粘贴性强的胶液贴牢,最后用干净白色湿毛巾将墙纸面上残存的胶液和污物试擦干净。(图

> **提 示**
>
> 注意在张贴时壁面的顶端需预留 3~5 cm,以利调整。
>
> 不对花的壁纸在每片壁纸的交叠处重叠 1~2 cm,至于对花的壁纸则须依花色情况调整。贴壁纸时碰到壁面有开关盖处理方式:壁面仍先整片贴平,待全面贴完后再以美工刀沿墙体裁切。
>
> 小气泡的处理方式:目前大部分壁纸粘贴十分便利,也不易产生气泡。但若真的有小气泡产生,可用细针刺孔挤出气泡,再压平即可。

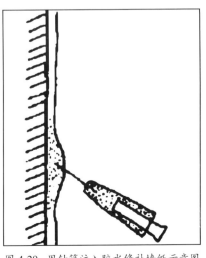
图 4-29 用针筒注入胶水修补墙纸示意图

> **提 示**
>
> 在铺设壁纸时,应先卸下电门、插销等覆盖在墙上的物体。并在此处裁破壁纸布面露出设施孔,待壁纸完全铺设完毕,再由此处重新安装。这样就不会影响壁纸的整体美观了。

4-29,图 4-30）

图 4-30 各种室内饰面墙纸装饰

六、皮革软包施工工艺

在室内设计中,皮革软质材料独具柔美的质感、绚丽的色彩、优美的图案造型以及独特的工艺,使其本身具有了柔化空间的使命,弥补了石材、木材、玻璃、金属等硬质材料给人的生硬、冷漠之感。因而使室内空间环境变得柔和、亲切和温暖,同时又有吸音、隔声保温等功效,赋予了室内设计更多更新的内涵。

皮革软质饰面主要有两种常用做法:固定式与活动式软包。

固定式做法一般适用于大面积的饰面工程,其结构采用木龙骨骨架,胶钉衬板(胶合板等人造板),按设计要求选定包面材料和填充材料(采用规则的泡沫塑料、海绵块、矿棉、岩棉或玻璃棉等软质材料为填充芯材),并钉装于衬板上;也可采用将衬板、填充材料和包面分件(块)、分别地制作成单体,然后固定于木龙骨骨架上。(图 4-31)

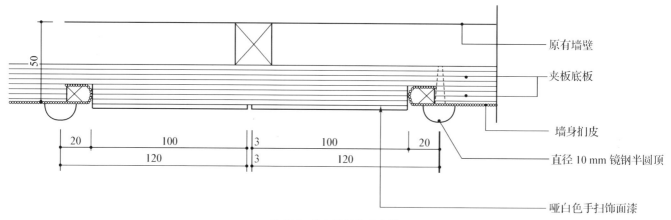

图 4-31 软包墙面的示意图

活动式软包适用于小面积墙面的铺装。它是采用衬板及软质填充材料分件(块)、分别地包覆制作成单体,然后卡嵌于装饰线脚之间;也可在建筑墙面固定上下单向或双向实木线脚,线脚带有凹槽,上下线脚或双向线脚的凹槽相互对应,将事先做好的软包饰件分块(件),逐一整齐而准确的利用其弹性特点卡装于木线之间;也可以在基体与软包饰件的背面安装粘扣,使它们在活动式安装过程中加强相互连接的紧密性。

（1）皮革分类

因为皮革具有柔软、吸声、保暖的特点,因此常用于对人体活动须加以防护的健身室、练功房等室内墙面,以及对声学有特殊要求的演播厅、录音室、歌剧院、歌舞厅等室内墙面和吸音门上。皮革的种类,可分为天然皮革、人造革和合成革。

（2）处理过程

基层处理→弹线→安装龙骨→衬板的固定→粘贴填充材料→铺装面料→收口处理

①基层处理　清理检查原基层墙面，要求基层牢固、平整，构造合理。如果是将它直接铺装在建筑墙体及柱体表面上，为防止墙体及柱体潮气的侵蚀，基层应进行防潮处理，通常采用1:3水泥沙浆抹灰后，刷涂一道清油或满铺油纸。

②弹线　根据设计要求，把房间需要软包饰面的尺寸、造型等通过吊直、套方、找规矩、弹线等工序，把实际尺寸与造型落实到墙面上；同时确定龙骨及预埋木砖的所在位置。

③安装龙骨　一般采用截面30 mm×40 mm或40 mm×60 mm的白松烘干料，不得有腐朽、节疤、劈裂、扭曲等缺点；也可以根据设计要求选用人造板条做龙骨，其间距为400~600 mm。首先在未预埋木砖的各交叉点上，用冲击电钻打深60 mm、直径Φ12 mm、间距150~300 mm的孔，预设浸油木楔。木龙骨按先主后次，先竖后横的方法用铁钉或气钉固定在墙面上，并及时检查其平整度，局部可以垫木垫片超平。

④衬板的固定　根据设计要求的软包构造做法，当采用整体固定时，将衬板满铺满钉于龙骨上，要求钉装牢固、平整。龙骨与衬板采用胶钉的连接方式，衬板对接边开V字型，缝隙保持在1~2 mm左右，且接缝部位一定要在木龙骨的中心。顶帽要冲入0.5~1 mm，要求表面平整。

⑤粘贴填充材料　采用快干胶合剂将填充材料均匀的粘贴在衬板上，填充材料的厚度一般为20~50 mm，也可根据饰面分快的大小和视距来确定。要求塑型正确，接缝严密且厚度一致，不能有起皱、鼓泡、错落、撕裂等现象，发现问题及时修补。

⑥铺装面料　铺装方法有成卷铺装法、分块固定法、压条法、平铺泡钉压角法等，其中最常用的是前两种。

成卷铺装法：首先将皮革的端部裁齐、裁方，皮革的幅面应大于横向龙骨木筋中距50~80 mm，并用暗钉逐渐固定在龙骨上，保持图案、线条的横平竖直及表面平整，边铺钉边观察，如发现问题，应及时修整。然后采用电化铅帽头或压条按设计尺寸进行固定。

分块固定法：先将填充材料与衬板按设计要求的分格、分块进行预裁，分别地包覆制作成单体饰件，然后与皮革一并固定于木筋上。安装时，从一端开始以衬板压住皮革面层，压边20~30 mm用暗钉与龙骨钉固；另一端的衬板不压皮革而直接固定于龙骨上，继续安装即重复此过程。要求衬板的搭接必须置于龙骨中线；皮革剪裁时，应注意必须大于装饰分割划块尺寸，并注意在下一条龙骨上剩余20~30 mm的压边料头。

⑦收口处理　压条可以使用铜条、不锈钢条或木条，按设计装钉成不同的造型。当压条为铜条或不锈钢条时，必须内衬尺寸相当的人造板条（二者可使用硅酮结构密封胶粘结），以保证装饰条顺直。最后修整软包饰面、除尘、清理胶痕、覆盖保护膜。（图4-32）

图4-32　各种室内手绘墙装饰

七、手绘墙

手绘墙来源于古老的壁画艺术,结合了欧美的涂鸦,被众多前卫设计师带入了现代家居文化设计中,形成了独具一格的家居装修风格。(图 4-33)

(1)先想好需要手绘的图案,可以模拟现成的图案,无论简单或是复杂,都建议先用粉笔或铅笔打好草图,用笔力度不要过大,以防刮伤墙面,建议选用 4B 铅笔,软硬适中。

(2)打好草图后,用排笔轻轻扫淡些,保留痕迹。

(3)然后开始上涂料,要根据图案线条的粗细和上颜色面积的大小,选择使用大中小号的毛笔或是排笔,接着根据个人喜好把涂料画上。

画完后要通风,待墙面干透后,才可触碰。虽然丙烯颜料干后防水防划,但也不可用水用力擦洗。丙烯颜料是用一种化学合成胶乳剂与颜色微粒混合而成的新型绘画颜料。手绘墙选用颜料多为无毒的丙烯颜料,均是绿色环保材料,不含甲醛与任何毒害物质无任何气味,对人体不会产生伤害。速干,颜料在落笔后几分钟即可干燥画后防水。着色层干后会迅速失去可溶性,同时形成坚韧、有弹性的不渗水的保护膜,能保持画面五到十年不褪色。

时下在家庭手绘中,已经慢慢涉及用家庭内墙乳胶漆加色浆代替壁画染料作画。用乳胶漆的好处就是把家庭壁画完全和用乳胶漆刷墙面结合起来,乳胶漆具有环保无味等优点,在家庭用乳胶漆手绘还有一个特大的好处就是它不反光。学过美术的应该都知道,丙烯等绘画材料画完以后会形成一个防水膜,因此它会反光,一被光照如果在家里的话它就会显得刺眼不柔和。这就是用乳胶漆画得好处,尽一切可能的在家庭给客户表现到最好。

图 4-33　各种室内手绘墙装饰

第五章 天棚工程

第一节 天棚

天棚常用的做法有喷浆、抹灰、涂料吊顶棚等。具体采用根据房屋的功能要求、外观形式、饰面材料等选定。天棚的造型是多种多样的,除平面型外有多种起伏型。起伏型吊顶即上凸或下凹的形式,它可有两个或更多的高低层次,其剖面有梯形、圆拱形、折线形等。水平面上有方、圆、菱、三角、多边形等几何形状。

一、吊顶的材料

吊顶,是指房屋居住环境的顶部装修。简单的说,就是指天花板的装修,是室内装饰的重要部分之一。吊顶应注意要依据层高确定是否吊顶以及吊顶的形式。吊顶的基本构造包括吊筋、龙骨和面层三部分。吊筋通常用圆钢制作,龙骨可用木、钢和铝合金制作。面层常用纸面石膏板、夹板、铝合金板、塑料扣板等。

天花吊顶的装修材料是区分天花名称的主要依据,主要有:轻钢龙骨石膏板天花、石膏板天花、夹板天花、异形长条铝扣板天花、方形镀漆铝扣板天花、彩绘玻璃天花、铝蜂窝穿

孔吸音板天花等等。如用铝扣板做的天花,我们通常叫"铝扣板天花"。

二、顶棚的形式

顶棚形式很多,可以从施工方式、外观形式和面层用料三方面加以区分。

1. 按施工方式分:可分为直接式顶棚和悬吊式顶棚。

2. 按外观形式分:可分为藻井式、平滑式、井格式、分层式及发光顶棚等。

3. 按面层材料分:竹类吊顶、板条和钢丝网抹灰吊顶、板材吊顶和金属吊顶等。

第二节 直接式顶棚

直接式顶棚装饰工艺流程

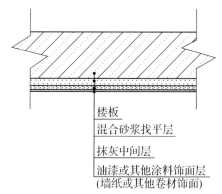

图5-1 直接抹灰、喷刷、裱糊类顶棚结构示意图

直接式顶棚在顶棚上进行喷涂料灰浆,或粘贴装饰材料的施工,一般用于装饰性要求不高的住宅或室内高度较低的空间,它具有材料用量少,施工方便,造价低等特点。但这类顶棚没有供隐藏管线等设备、设施的内部空间。这一类顶棚通常用于普通建筑及室内建筑高度空间受限制的场所。

1. 直接抹灰、喷刷、裱糊类顶棚

基层处理,基层处理的目的是为了保证饰面的平整和增加抹灰层与基层的粘结力。具体做法是:先在顶棚的基层上刷一遍纯水泥浆,然后用混合砂浆打底找平。要求较高的房间,还在底板增设一层钢丝网,在钢板网上再做抹灰,这种做法强度高,结合牢,不易开裂脱落。中间层、面层的做法和构造与墙面装饰技术类同。(图5-1)

2. 直接贴面类顶棚

这类顶棚有粘贴面砖等块材和粘贴固定石膏板或条等。基层处理,基层处理要求和方法同直接抹灰、喷刷、裱糊类顶棚相同。中间层的要求和做法:粘贴面砖等块材和粘贴固定石膏板或条时宜加厚中间层,以保证必要的平整度。做法是在基层上做5~8 mm厚水泥石灰砂浆。面层的做法和构造与墙面贴面相同。(图5-2)

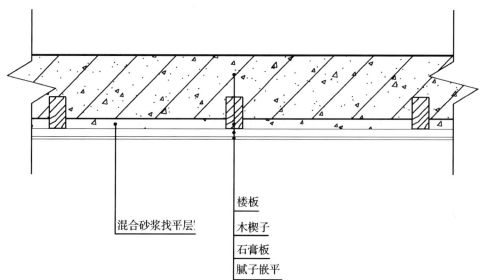

图5-2 直接贴面类顶棚结构示意图

3. 直接固定装饰板顶棚

这类顶棚与悬吊式顶棚的区别是不使用吊杆,直接在结构楼板底面铺设固定龙骨。直接式装饰板顶

棚多采用木方作龙骨,间距根据面板厚度和规格确定。龙骨的固定方法一般采用胀管螺栓或射钉将连接件固定在楼板上。龙骨与楼板之间的间距较小,且顶棚较轻时,也可采用冲击钻打孔,埋设锥形木楔的方法固定。铺钉装饰面板。胶合板、石膏板等板材均可直接与木龙骨钉接。(图5-3)

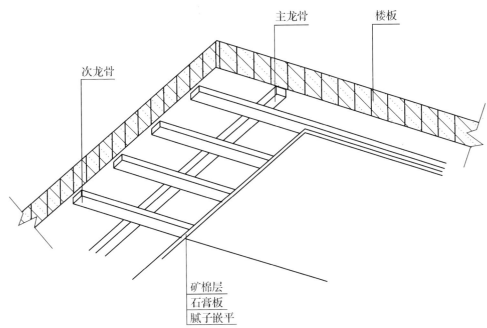

图 5-3 直接固定装饰板顶棚结构示意图

第三节 悬吊式顶棚

一、悬吊式顶棚构造

悬吊式顶棚一般由三个部分组成:吊杆、骨架、面层。

1. 吊杆

吊杆承受吊顶面层和龙骨架的荷载,并将这荷载传递给屋顶的承重结构。

2. 骨架

骨架承受吊顶面层的荷载,并将荷载通过吊杆传给屋顶承重结构。骨架的材料有木龙骨架、轻钢龙骨架、铝合金龙骨架等。骨架的结构主要包括主龙骨、次龙骨和搁栅、次搁栅、小搁机所形成的网架体系。轻钢龙骨和铝合金龙骨有 T 型、U 型、LT 型及各种异型龙骨等。

(1)木龙骨架

它将 3 cm × 5 cm 的或者其他尺寸的木方按照 300 mm × 300 mm 或者 400 mm × 400 mm 的间距钉成的木头格子,就象田字格那个意思,主要是用来吊棚起到连接棚面的作用,是装修中常用的一种材料,有多种型号,用于撑起外面的装饰板,起支架作用。(图5-4)

(2)轻钢龙骨架

轻钢龙骨吊顶具有重量轻、强度高、适应防水、防震、防尘、隔音、吸音、恒温等功效,同时还具有工期短、施工简便等优点,为此被用户及设计单位广泛使用。 轻钢龙骨与烤漆龙骨的区别在于一般的轻钢龙骨不做涂面处理,制作镀层(镀锌),而烤漆龙骨表面做成烤漆,一般分黑色和白色,少数根据设计要求烤成其他颜色,主要是因为烤漆龙骨大部分用在明龙骨,烤漆是为了保证外露部分不上锈而美观。(图5-5)

轻钢龙骨按用途有吊顶龙骨和隔断龙骨,按断面形式有 V 型、C 型、T 型、L 型龙骨。T 型龙骨和 L 型龙骨,目前尚无国家标准,各厂家生产的产品规格也不相同。T 型龙骨作为吊顶龙骨架中的主龙骨,

图 5-4　各种木龙骨骨架

图 5-5　轻钢龙骨吊顶

起吊顶龙骨的框架和搭装饰面板的作用，一般规格有 1 200 mm，3 000 mm，还有用于龙骨骨架的次龙骨（横向即横撑龙骨）同时搭装装饰板，次龙骨也是 T 型龙骨，比较短，依据装饰板的边长而定，600 mm×600 mm 的石膏板吊顶所用次龙骨就长 600 mm。L 型龙骨为边龙骨，主要起将吊顶骨架与室内四面墙或柱壁的连接作用，部分搭装饰面板，一般也是 3 000 mm 一根。（图 5-6，图 5-7）

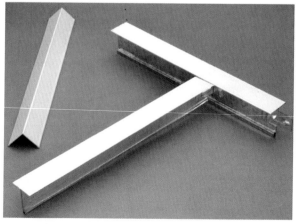

图 5-6　轻钢龙骨样式

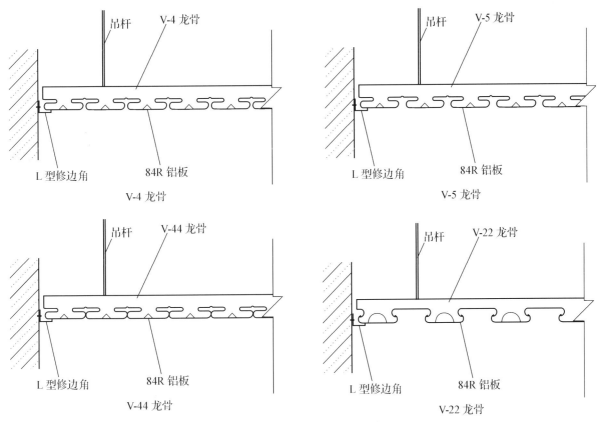

图 5-7 各种轻钢龙骨吊顶结构示意图

（3）烤漆龙骨

烤漆龙骨整体平面效果好,线条简洁,美观大方。烤漆龙骨安全、坚固、美观,适合各种矿棉天花板、铝质方块天花板、硅酸钙板等配套施工。具有重量轻、强度高、防水、防火、防震、隔音、吸音等功效,同时还具有工期短、施工简便等优点,是一种新型吊顶装饰材料。

烤漆龙骨特点和用途:

①绝对防火 烤漆龙骨是防火的镀锌板制造,经久耐用。

②结构合理 采用经济放置式结构,特殊连接方法,组合装卸方便,节省工时、施工简单。

③造型美观:龙骨表面采用的是镀锌钢板,经过烤漆处理。

烤漆龙骨分类:

①明架龙骨 平面系列、凹槽系列,立体凹槽系列。

②暗架龙骨 平面系列。（图 5-8）

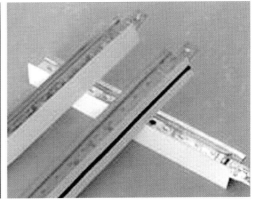

图 5-8 大方槽烤漆龙骨和凹槽烤漆龙骨

（4）铝合金龙骨

铝合金龙骨是室内吊顶装饰中常用的一种材料，可以起到支架、固定和美观作用，铝合金材质与之配套的是硅钙板和矿棉板，硅酸钙板等。

铝合金龙骨，一共分为三个部分，一是主龙（行业内称之为大T），二是副龙（行业内称之为小T），三是修边角，大T常规长度是3 m，小T常规长度是610 mm，通用的规格是600 mm×600 mm 与 610 mm×610 mm，修边角，则是用来作为墙边收尾和固定的。（图5-9）

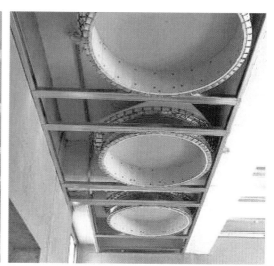

图5-9　各种铝合金龙骨吊顶示意图

现代的装饰要求越来越高，花样也是层出不穷，为了更进一步给视觉上带来冲击，在原来的铝合金龙骨上，又增加了一个版本。

铝合金的型号、规格区分有许多种：

①从表面来区别，有平面和凹槽。

②从颜色来区别有白线、黑线及其他颜色。

③从搭配的板来区别有610 mm 和600 mm区别。（如果是595 mm×595 mm的硅钙板，则配套的是600 mm×600 mm的铝合金龙骨规格，如果是603 mm×603 mm的硅钙板，则配套的是610 mm×610 mm的铝合金龙骨规格）。

④按自身区别，又分大T，小T，边角。

3. 面层

面层的作用：装饰室内空间，以及吸声、反射等功能。

面层的材料：纸面石膏板、纤维板、胶合板、钙塑板、矿棉板、铝合金等金属板、PVC塑料板等。

（1）纸面石膏板

纸面石膏板是以建筑石膏为主要原料，掺入适量添加剂与纤维做板芯，以特制的板纸为护面，经加工制成的板材。纸面石膏板具有重量轻、隔声、隔热、加工性能强、施工方法简便的特点。

纸面石膏板的品种很多，市面上常见的纸面石膏板有以下三类：

①普通纸面石膏板　象牙白色板芯，灰色纸面，是最为经济与常见的品种。适用于无特殊要求的使用场所，使用场所连续相对湿度不超过65%。因为价格的原因，很多人喜欢使用9.5 mm厚的普通纸面石膏板来做吊顶或间墙，但是由于9.5 mm普通纸面石膏板比较薄、强度不高，在潮湿条件下容易发生变形，因此建议选用12 mm以上的石膏板。同时，使用较厚的板材也是预防接缝开裂的一个有效手段。（图5-10）

②耐水纸面石膏板　其板芯和护面纸均经过了防水处理，根据国标的要求，耐水纸面石膏板的纸

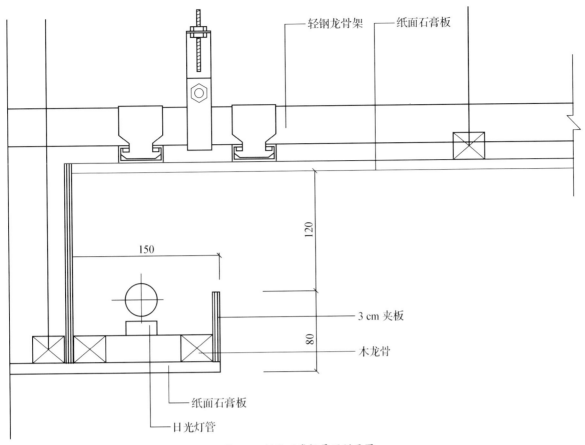

图 5-10 纸面石膏板吊顶剖面图

面和板芯都必须达到一定的防水要求(表面吸水量不大于 160 克,吸水率不超过 10%)。耐水纸面石膏板适用于连续相对湿度不超过 95%的使用场所,如卫生间、浴室等。

③纸面石膏板　以天然石膏和护面纸为主要原材料,掺加适量纤维、淀粉、促凝剂、发泡剂和水等制成的轻质建筑薄板。

纸面石膏板作为一种新型建筑材料在性能上有以下特点:

A. 良好的防火阻燃性能:纸面石膏板隔墙具有独特的空腔结构,具有很好的隔声性能。纸面石膏板表面平整,板与板之间通过接缝处理形成无缝表面,表面可直接进行装饰。纸面石膏板具有可钉、可刨、可锯、可粘的性能,用于室内装饰,可取得理想的装饰效果,仅需裁纸刀便可随意对纸面石膏板进行裁切,施工非常方便,用它做装饰材料可极大的提高施工效率。

B. 舒适的居住功能:由于石膏板的孔隙率较大,并且孔结构分布适当,所以具有较高的透气性能。当室内湿度较高时,可吸湿;而当空气干燥时,又可放出一部分水分,因而对室内湿度起到一定的调节作用。国外将纸面石膏板的这种功能称为"呼吸"功能,正是由于纸面石膏板具有这种独特的"呼吸"性能,因此可在一定范围内调节室内湿度,使居住条件更舒适。

C. 绿色环保:纸面石膏板采用天然石膏及纸面作为原材料,决不含对人体有害的石棉(绝大多数的硅酸钙类板材及水泥纤维板均采用石棉作为板材的增强材料)。(图 5-11)

图 5-11　纸面石膏板吊顶效果图

图 5-12　各种纹样的聚酯纤维版

（2）纤维板

纤维板是以植物纤维为原料，经过纤维分离、施胶、干燥、铺装成型、热压、锯边和检验等工序制成的板材，是人造板主导产品之一。按密度的不同分为硬质纤维板、高密度纤维板、中密度纤维板和软质纤维板。其性质与原料种类、制造工艺的不同有很大差异。软质纤维板的密度在 $0.4 \text{ g} \cdot \text{cm}^{-3}$ 以下，是一种具有良好吸音和隔热性能的板材，主要用于高级建筑（如剧院等）的吸音结构。（图 5-12）

（3）胶合板

胶合板是家具常用材料之一，是一种人造装饰板。一组单板通常按相邻层木纹方向互相垂直组坯胶合而成的板材，通常其表板和内层板对称地配置在中心层或板芯的两侧。用涂胶后的单板按木纹方向纵横交错配成的板坯，在加热或不加热的条件下压制而成。

装饰单板贴面胶合板是用天然木质装饰单板贴在胶合板上制成的人造板。装饰单板是用优质木材经刨切或旋切加工方法制成的薄木片。

图 5-13　胶合板

装饰单板贴面胶合板的特点：装饰单板贴面胶合板是室内装修最常使用的材料之一。该产品天然质朴、自然而高贵，可以营造出与人有最佳亲和高雅的居室环境。

装饰单板贴面胶合板的种类：常见的是单面装饰单板贴面胶合板，装饰单板常用的材种有桦木、水曲柳、柞木、水青岗、榆木、槭木、核桃木等。（图 5-13）

（4）钙塑板

钙塑板是以高压聚乙烯为基材，加入大量轻质碳酸钙及少量助剂，经塑炼、热压、发泡等工艺过程制成。这种板材轻质、隔声、隔热、防潮。主要用于吊顶面材。矿棉板一般指矿棉装饰吸声板。以粒状棉为主要原料加入其他添加物高压蒸挤切割制成，

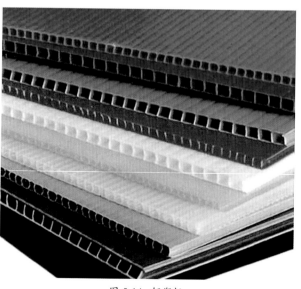

图 5-14　钙塑板

不含石棉,防火、吸音性能好。表面一般有无规则孔(俗称:毛毛虫)或微孔(针眼孔)等多种,表面可涂刷各种色浆。矿棉吸声板具有吸声、不燃、隔热、装饰等优越性能,是集众吊顶材料之优势于一身的室内天棚装饰材料,广泛用于各种建筑吊顶、贴壁的室内装修。该产品能控制和调整混响时间,改善室内音质,降低噪音,改善生活环境和劳动条件,同时,该产品的不燃性能,均能满足建筑设计的防火要求。(图 5-14)

（5）矿棉板

矿棉板一般指矿棉装饰吸声板。以粒状棉为主要原料加入其他添加物高压蒸挤切割制成,不含石棉、防火、吸音性能好。表面一般有无规则孔(俗称:毛毛虫)或微孔(针眼孔)等多种,表面可涂刷各种色浆(一般为白色)。它具有消除回音、隔绝楼板传递的噪音,适用于办公室、学校、商场等场所。矿棉板是以不燃的矿棉为主要原料制成,在发生火灾时不会产生燃烧,从而有效地防止火势的蔓延,是最为理想的防火吊顶材料。(图 5-15)

（6）铝合金板

单层铝板可采用纯铝板、锰合金铝板和镁合金铝板。

①铝合金板材按表面处理方式可分为非涂漆产品和涂漆产品两大类。

②按涂装工艺可分为:喷涂板产品和预辊涂板。

③按涂漆种类可分为:聚酯、聚氨酯、聚酰胺、改性硅、氟碳等。(图 5-16)

图 5-15　矿棉板

图 5-16　铝合金板

二、悬吊式顶棚的施工工艺

1. 藻井吊顶的施工工艺流程

在家庭装修中,一般采用木龙骨做骨架,用石膏板或木材做面板,涂料或壁纸做饰面终饰的藻井式吊顶。这种吊顶能够克服房间低矮和顶部装修的矛盾,便于现场施工,提高装修档次,降低工程造价,达到经济装修的目的,所以应用比较广泛。

施工要点

（1）木龙骨安装要求

①材料:木材要求保证没有劈裂、腐蚀、虫蛀、死节等质量缺陷;规格为截面长 30~40 mm,宽40~50 mm,含水率低于 10%。

②采用藻井式吊顶,如果高差大于 300 mm 时,应采用梯层分级处理。龙骨结构必须坚固,大龙骨间距不得大于 500 mm。龙骨固定必须牢固,龙骨骨架在顶、墙面都必须有固定件。

（2）木龙骨安装规范

①首先应弹出标高线、造型位置线、吊挂点布局线和灯具安装位置线。

②龙骨架顶部吊点固定有两种方法:一种是用直径 5 mm 以上的射钉直接将角铁或扁铁固定在顶

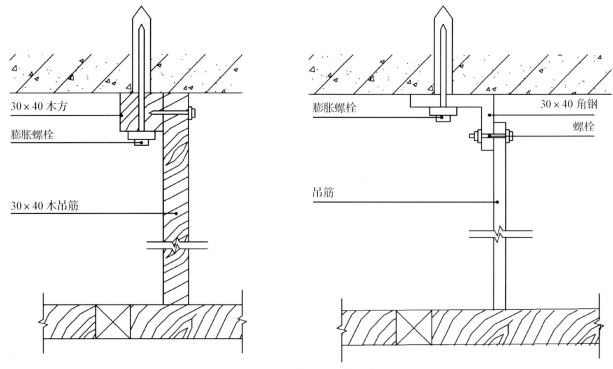

图 5-17 木龙骨安装节点图

部。另一种是在顶部打眼,用膨胀螺栓固定铁件或木方做吊点,都应保证吊点牢固、安全。(图 5-17)

（3）饰面板的安装

①吊顶饰面板的种类主要有石膏板和木材板两大类,都要求板面平整,无凹凸,无断裂,边角整齐。

②饰面板的安装方法主要有圆钉固定法和木螺丝固定法两种。其中圆钉固定法主要用于木材饰面板安装,施工速度快;木螺丝固定法主要用于石膏板饰面板,以提高板材执钉能力。

③安装饰面板应与墙面完全吻合,有装饰角线的可留有缝隙,饰面板之间接缝应紧密。

④吊顶时应在安装饰面板时预留出灯口位置。饰面板安装完毕,还需进行饰面的终饰作业,常用的材料为乳胶漆及壁纸,其施工方法同墙面施工。(图 5-18)

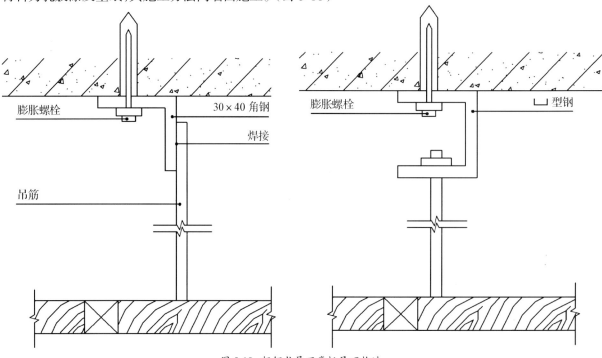

图 5-18 轻钢龙骨石膏板吊顶构造

2. 轻钢龙骨石膏板天花

石膏板是以熟石膏为主要原料掺入添加剂与纤维制成,具有质轻、绝热、吸声、不燃和可锯性等性能。石膏板与轻钢龙骨(由镀锌薄钢压制而成)相结合,便构成轻钢龙骨石膏板。轻钢龙骨石膏板天花具有多种种类,包括有纸面石膏板、装饰石膏板、纤维石膏板、空心石膏板条。市面上有多种规格。以目前来看,使用轻钢龙骨石膏板天花作隔断墙的多,用来作造型天花的比较少。

吊顶采用轻钢龙骨 38 mm×1.2 mm,大厅采用 50 mm×1.2 mm,T 型铝合金龙骨 32 mm×22 mm×1.1 mm,22 mm×22 mm×1.1 mm,石膏硅钙板 600 mm×600 mm,Φ8 吊杆,Φ8 膨胀螺栓,角码 40 mm×40 mm×4 mm。

3. 铝蜂窝穿孔吸音板天花

它的构造结构为穿孔面板与穿孔背板,依靠优质胶粘剂与铝蜂窝芯直接粘接成铝蜂窝夹层结构,蜂窝芯与面板及背板间贴上一层吸音布。由于蜂窝铝板内的蜂窝芯分隔成众多的封闭小室,阻止了空气流动,使声波受到阻碍,提高了吸声系数(可达到 0.9 以上),同时提高了板材自身强度,使单块板材的尺寸可以做到更大,进一步加大了设计自由度。可以根据室内声学设计,进行不同的穿孔率设计,在一定的范围内控制组合结构的吸音系数,既达到设计效果,又能够合理控制造价。背板穿孔要求与面板相同,吸音板采用优质的无纺布等吸声材料。适用于地铁、影剧院、电台、电视台、纺织厂和躁声超标准的厂房以及体育馆等大型公共建筑的吸墙板、天花吊顶板。(图 5-19)

图 5-19 铝蜂窝穿孔吸音板天花

图 5-20 异形长条铝扣板天花

4. 异形长条铝扣板天花

家庭装修已大多不再用这种材料,主要是不耐脏且容易变形。(图 5-20)

5. 方形镀漆铝扣板天花

在厨房、厕所等容易脏污的地方使用,是目前的主流产品。

6. 彩绘玻璃天花

图 5-21 彩绘玻璃天花

图 5-22 金属栅格天花

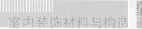

多种图案，可内照明，只用于局部。（图 5-21）

7. 金属栅格天花

多用于商业空间的过道或厅室，感觉现代。（图 5-22）

三、天棚面层制作安装及层装饰

①天棚面层制作安装包括：选项配裁制面层材料、边缘修整、制作安装检查孔的框、板及拼对安装等工作；穿孔面层包括设计要求的钻孔；带压条面层包括制作安装压条。

②天棚粘贴面层包括：清理基层、定位、划线、涂刷粘接剂、边缝修整等工作。

图 5-23 天棚安装结构示意图

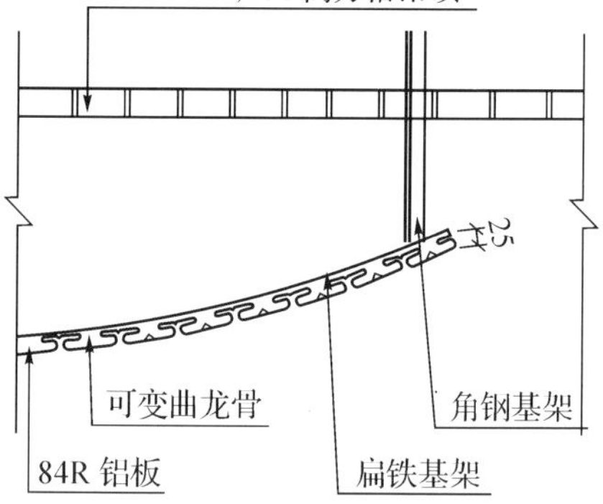

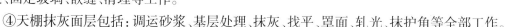

③装饰玻璃天棚包括：放线、试安装、基层打孔、涂刷粘接剂、安装、固定玻璃、嵌缝、清理等工作。

④天棚抹灰面层包括：调运砂浆、基层处理、抹灰、找平、罩面、轧光、抹护角等全部工作。

⑤天棚涂料面层包括：清理基层、锯补缝隙、捉找腻子、调配浆料、喷刷成活的全部工作。

⑥天棚裱糊成层包括：清理基层、修补微小孔隙、涂刷粘接剂、裁前、拼缝、修边、拼花等工作。粘贴有海棉的锦缎除包括上述工作外，还包括冲填海棉层。

⑦金属格栅包括：定位、划线、安锚固件、配料、安吊杆、螺栓、安龙骨及附件，调整、固定、安装饰面等工作。

⑧木格栅包括：截料、弹线、拼装格栅、钉铁钉、安装铁钩及不锈多见管等全部工作。

⑨采光天棚包括：定位、弹线、选料、下料、安装连接铁件、骨架与玻璃固定安装等工作。

⑩天棚保温吸音层铺设包括：保温材料的装袋或裁板、铺置等工作。（图 5-23）

1. 操作方法

（1）测量放线

①以房间内每个墙（柱）上为基点然后用铅笔或其他工具沿墙（柱）画出垂直的水平线，此线用作为吊顶时安装龙骨的标准线。（图 5-24）

图 5-24 安装龙骨水平准线

②主龙骨间距一般为 900~1 000 mm 均匀布置，排列时应尽量避开嵌入式设备，并在主龙骨的位置线上用十字线标出固定吊杆的位置。吊杆间距应为 900~1 000 mm，距主龙骨端头应不大于 300 mm，均匀布置。

（2）固定吊杆

①吊杆的作用：承受吊顶面层和龙骨架的荷载，并将这荷载传递

提　示

吊顶上的灯具、风口及检修口和其他设备，应设独立吊杆安装，不得固定在龙骨吊杆上。

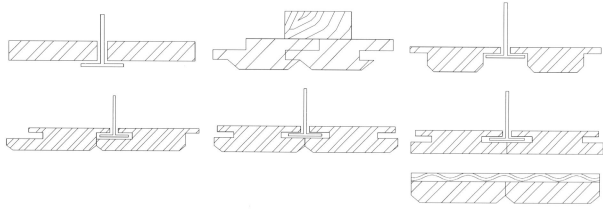

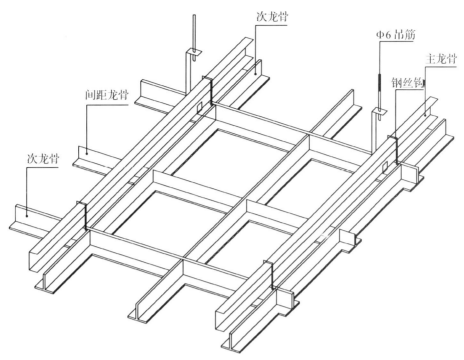

次龙骨

Φ6吊筋

主龙骨

钢丝钩

间距龙骨

次龙骨

图 5-25　吊杆与主、次龙骨结构示意图

给屋顶的承重结构。

②吊杆的材料：大多使用钢筋。

制作好的金属吊杆应做防腐处理。

吊杆用冲击电锤打孔后，用螺栓固定到楼板上。吊杆应通直并有足够的承载力。（图 5-25）

（3）安装边龙骨

边龙骨应按弹好的吊顶水平线进行安装。安装时把边龙骨的靠墙侧涂刷胶粘剂后，用螺钉固定在混凝土墙（柱）上。固定点间距应不大于吊顶次龙骨的间距，一般为 300~600 mm，以防止发生变形。

（4）安装主龙骨

①安装时应采用专用吊挂件和吊杆连接，吊杆中心应在主龙骨中心线上。主龙骨安装间距一般为 900~1 000 mm，沿平行线布置。如果主龙骨长度不足，接长时应采取专用连接件，每段主龙骨的吊挂点不得少于两处，相邻两根主龙骨的接头要相互错开，不得放在同一吊杆档内。这样可以确保主龙骨的稳固。

②重型灯具、吊扇及其他专业设备严禁直接安装在吊顶龙骨上。主龙骨安装完成后，应对其进行一次调平，并注意调好起拱度。

（5）安装次龙骨

金属次龙骨用专用连接件与主龙骨固定。次龙骨必须对接，不得有搭接。一般次龙骨间距不大于 600 mm。潮湿或重要场所，次龙骨间距宜为 300~400 mm。次龙骨的靠墙一端应放在边龙骨的水平翼缘上。次龙骨需接长时，应使用专用连接件进行连接固定。每段次龙骨与主龙骨的固定点不得少于两处，相邻两根次龙骨的接头要相互错开，不得放在两根主龙骨的同一档内。

（6）安装铝扣板面板

骨架为金属龙骨时，一般用螺钉固定铝扣板。用专用吊挂连接

> **提　示**
>
> 有较大造型的吊顶，造型部分应形成自己的框架，用吊杆直接与顶板进行吊挂连接。

> **提　示**
>
> 铝扣板上的各种灯具、烟感探头、喷淋头、风口等的布置应合理、美观，与饰面板交接处应吻合、严密。

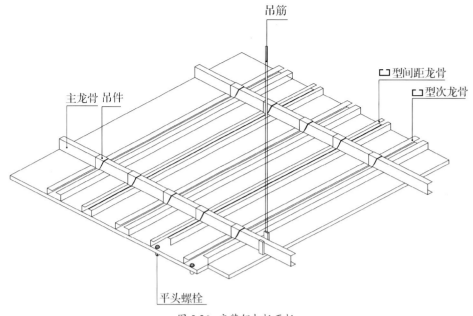

图 5-26　安装铝扣板面板

件、插接件固定。为了确保稳固安装可以在饰面板缝隙处采用胶粘剂复合粘贴法安装,注意在未完全固化前,不得受到强烈振动。（图 5-26）

（7）收边条

各种铝扣板吊顶与四周墙面的交界部位,应按设计要求或采用与铝扣板材质相适应的收边条、阴角线或收口条收边。收边、收口条可用胶粘剂粘贴,但必须保证安装牢固可靠、平整顺直。

吊顶工程施工中应注意以下重要事项及相应规定:

①吊杆、龙骨的安装间距和连接方式,应符合设计要求。后置埋件、金属吊杆、龙骨应进行防腐处理。木吊杆、木龙骨、造型木板和木饰面板,应进行防腐、防火和防蛀处理。

②所用吊顶材料在运输、搬运、安装、存放时应采取相应措施,防止受潮、变形及损坏板材的表面和边角。

③吊顶的吊杆距主龙骨端部尺寸不得大于 300 mm,否则应增加吊杆。当吊杆长度大于 1.5 m 时,应设置反支撑。当吊杆与设备相遇时,应调整并增设吊杆。

④吊顶上的重型灯具、电扇及其他重型设备,严禁安装在吊顶工程的龙骨上。

⑤吊顶内填充吸声、保温材料的品种和铺设厚度应符合设计要求,并应有防散落措施。

⑥饰面板上的灯具、烟感器、喷淋头、风口箅子等设备的位置应合理、美观,与饰面板交接处应严密。吊顶与墙面、窗帘盒的交接,应符合设计要求。

⑦采用搁置式安装轻质饰面板时,应按设计要求设置压卡装置。

⑧工程中所用胶粘剂的类型,应按所用饰面板的品种配套选用。

第六章　门窗工程

门窗是建筑物必不可少的组成部分,门窗除具有实用功能外,对建筑物的装饰效果影响也较大。随着时代的发展,在现代建筑中,门还具有标识、美化、防护、隔声、保温,隔热等功能;窗也不局限于通风采光等基本功能,它还具有防火、防盗,甚至防爆、抗冲击等功能。

第一节　门窗的分类

一、门的分类

根据门开启方式有平开门、推拉门、转门、卷帘门等。(图6-1,图6-2)

平开门:平开门即水平开启的门,与门框连接的铰链固定于一侧,使门扇绕铰链轴转动。平开门的门扇有单扇、双扇,有向内开和向外开之分。

推拉门:门窗悬挂在门洞口上部的预埋轨道上,装有滑轮,可以沿轨道左右滑行。

转门:有两个固定的弧形门套和三或四个门扇组成,门扇的一侧安装在中央的一根公用竖轴上,绕柱轴转动开启。

平开门

推拉门

转门

卷闸门

图 6-1 门的分类

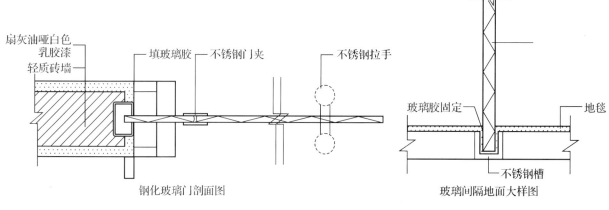

扇灰油哑白色乳胶漆　轻质砖墙　填玻璃胶　不锈钢门夹　不锈钢拉手

玻璃胶固定　地毯　不锈钢槽

钢化玻璃门剖面图　　玻璃间隔地面大样图

图 6-2 钢化玻璃门

卷帘门：门扇由连续的金属片条或网络状金属条组成,门洞上部安装卷动滚轴,门洞两侧有滑槽,门扇两端置于槽内,可以人工开启也可以电动开启。

二、窗的分类

1.根据窗开启方式有平开窗、推拉窗、悬窗等(图 6-3)

平开窗：平开窗包括内开窗和外开窗。内开窗便于安装、修理。擦洗窗扇,窗扇不易损坏,缺点是占据内部空间、纱窗容易损坏、不便于挂窗帘。外开窗不占据室内空间,但是安装、修理、擦洗不便,而且易受风雨侵蚀。

推拉窗：推拉窗不占空间,可以左右或者上下推拉,构造简单。

悬窗：窗扇沿一条轴线旋转开启。根据旋转轴安装位置的不同,分为上悬窗、中悬窗、下悬窗。

根据门窗材料分为木门窗、金属门窗、塑钢门窗、玻璃门窗等。

木门窗：它是用木质材料或夹板材料为原料制作而成的门窗,常用的有实木门窗、格栅门窗等。

2. 平开木窗构造

（1）窗框

窗框是木窗的组成部分,其断面形式和尺寸根据木质材料的强度和接榫需要进行确定。窗框的安装方式分为立口和塞口两种。立口是在建筑施工时先将窗框立好,再砌窗间墙。塞口是在砌墙时先留出洞口,以后再安装窗框。

窗框在墙体中的位置应根据房间用途、墙体材料及墙体厚度进行确定。分别有窗框内平、窗框居中和窗框外平三种情况。窗框内平时,对内开的窗扇,可紧贴内墙面,可以少占用室内面积。当墙体较厚时,窗框居中设计,外侧可增设窗台,内侧可做窗台板。窗框外平多用于板材墙和厚度较薄的外墙。为满足防风、挡雨、保温、隔音等要求,窗框与墙间的缝隙应填塞密实。在考虑窗框与窗扇的关系时,要做到关闭紧密、开启方便。

（2）窗扇

常见窗扇有玻璃扇、纱窗扇、百叶扇等。窗扇是有上、下冒头和边梃榫接而成,有的还用窗芯(又称为窗棂)分格。(图6-4)

平开窗　　　　　　　　　　推拉窗　　　　　　　　　　悬窗

图6-3　窗的分类

图6-4　窗

窗扇的上下冒头、边梃和窗芯均设有裁口,以便于安装玻璃或者窗纱。普通窗多采用平板玻璃,根据需要选择不同厚度的玻璃。为了满足保温、隔音、遮挡视线、安全等要求,可分别采用双层中空玻璃、磨砂或压花玻璃、夹丝玻璃、钢化玻璃、夹层玻璃等。

三、铝合金门窗构造

铝合金门窗是用铝合金材料制作而成的门窗。铝合金门窗的构造与一般钢、木质门窗的构造差别不大,不同的是铝合金门窗框料的组装是利用转角件、插接件、紧固件组装成扇和框,扇与框以其断面的特殊造型嵌以密封条相搭接或对接。门窗的附件有导向轮、门轴、密封垫、橡胶密封条、开闭锁、五金配件、拉手、把手等。

铝合金门窗中玻璃的厚度和类别主要根据门窗面积大小、热工要求来确定。一般多选用 5 mm 左右厚度的平板玻璃、镀膜玻璃、钢化玻璃等。在玻璃与铝型材接触的位置是垫块,周边用橡胶密封条密封固定。铝合金门窗组合使用时主要有横向组合和竖向组合两种。组合时,采用套插、搭接以形成曲面组合,并采用密封膏密封。采取同平面组合时,不能保证铝合金门窗安装质量,应谨慎进行。

四、塑料门窗

塑料门窗用聚氯乙烯、改性聚氯乙烯或其他树脂为主要原料,以轻质碳酸钙为填料,加入适量的各种添加剂,经混炼、挤出、冷却定型成异型材后,再经切割组装而成。由于塑料刚度差,易产生较大变形,一般在型材内腔加入钢或铝等材料,以增加抗弯能力,即所谓塑钢门窗,它比全塑门窗刚度好、质量轻。

塑料门窗安装时,将门、窗框在抹灰前立于门窗洞口处,与墙内预埋件对正,然后将三边固定。确定门窗水平、垂直、无扭曲后,用连接件将塑料框固定在墙(柱、梁)处,连接件固定方式可以采用预埋件焊接、铁脚焊接、金属膨胀螺栓焊接和射钉焊接等方式。

塑料门窗固定好之后,对门窗框与门窗洞口四周的缝隙,多采用软质保温材料填塞紧密,以防止门框四周形成冷热交换区产生结露,影响建筑物的隔音、保温功能;同时可避免门窗框直接与混凝土、水泥砂浆接触,以消除由于墙体可能的变形对门窗框产生的应力。

五、彩板钢门窗

彩板钢门窗是以彩色镀锌钢经机械加工而成的门窗。它具有质量轻、硬度高、采光面积大、防尘、隔音、保温、密封性好、造型美观、色彩绚丽、耐腐蚀等特点。彩板钢门窗断面形式复杂,种类较多。(图 6-5)

此外,根据门窗的功能分为:普通门窗、隔音门窗、防火门窗、保温门窗、防放射线门窗、防护门窗、壁橱门、车库门、观察窗、密闭窗等。根据门的构造形式分为:夹板门、拼板门、实拼门、隔栅门、百叶门等;根据窗的构造形式分为:单层窗、双层窗、三层窗、带形窗、落地窗、组合窗、百叶窗等。还可以根据门的位置分为:外门和内门;窗根据位置分为:侧窗和天窗。

图 6-5　彩板钢门窗

第二节　楼梯工程

一、楼梯的组合方式

楼梯的组合方式主要有两种:一是有结构楼梯;二是无结构楼梯。有结构楼梯主要由踏板、立板、栏杆、扶手及五金配件五部分组成。有结构楼梯与无结构楼梯的安装方式是相同的,它们都是靠模块拼接套接的方式连接在一起的。不同的是无结构楼梯需要依附在原有的水泥基础上,无法独立拼装成楼梯。虽然这种楼梯局限于水泥楼梯 基座的形状,但它可以根据情况量体裁衣适合于各种不同形状的楼梯。有结构楼梯是由踏板、栏杆、扶手、配件组成。有结构楼梯可以组成一字型、L 型、U 型、Z 型、360 度旋转等不同角度、不同形状的变化,但必须根据施工现场的具体情况来实际安装。因为有结构楼梯必须依据一定的原则,符合几何学、力学、人体工学的原理后才能安装。有的居室中的楼梯就在房间的中心,即使不在中心,楼梯作为连接上下层的通道,也应该是家庭装修不可忽视的地方。

二、楼梯的分类

常见的楼梯装修一般是木踏脚板和木艺或铁艺的扶栏。锻铁或铸铁的使用源于古代欧洲国家,因此也许更适合家庭装修为欧式风格的家居环境。但人们会看到,很多人家里,无论是摆放着中式古典家具,还是现代简约派的居室设计风格,都一概用铁艺扶栏来装饰楼梯,这就违背了室内设计要协调统一的原则。

其实能够用来装饰楼梯的材料还有很多,如钢材、石材、玻璃、绳索、布艺、地毯等。将这些材料恰当组合使用,并与整个居室风格相匹配,一定会有很好的效果。(图6-6,图6-7,图6-8)

1. 木制楼梯

木制楼梯本身有温暖感,加之与地板材质和色彩容易搭配,施工相对也较方便,因此木制楼梯广受欢迎。选择木制品做楼梯时,要注意在选择地板时与楼梯地板尺寸的匹配。目前市场上地板的尺寸以90 cm长、10 cm宽为最多,但楼梯地板可以配120 cm长、15 cm宽的地板,这样一格楼梯只要两块普通地板就够了,可少一道接缝,也容易施工和保养。

2. 钢制楼梯

钢制楼梯一般在材料的表面喷涂亚光的颜料,没有闪闪发光的刺眼感觉,这类楼梯材料和加工费都较高。另外,还有用钢丝、麻绳等做楼梯护栏的,配上木制楼板和扶手,看上去感觉也不错,而且价格相对低廉。钢制楼梯在一些较为现代的年轻人、艺术人士的家中较为多见,它所表现出的冷峻和材质本身的色泽都极具现代感。

3. 玻璃楼梯

玻璃楼梯是一种新生事物,它的购买人群主要为比较现代的年轻人。玻璃大都用磨砂的,不全透明,厚度在10 mm以上。这类楼梯也用木制品做扶手,价格比进口大理石低一点。本身所具有的通透感在用做楼梯装饰时,效果更是不凡。现在市场上有喷花玻璃和镶嵌玻璃,可以把它用在楼梯扶栏处,更绝妙的用法是将楼梯台阶做成中空的,内嵌灯管,以特种玻璃做踏脚板,做成可以发光的楼梯。

木制楼梯

钢制楼梯

玻璃楼梯

大理石楼梯

铁制楼梯

图6-6 楼梯的分类

4. 大理石楼梯

这种材质的楼梯更适合室内已经铺设大理石的家庭,以保护室内色彩和材料的统一性。一般用大理石铺设楼梯,可以在扶手的选择上大多保留木制品,使冷冰冰的空间内,增加一点暖色材料。这类装饰的价格主要看大理石是否昂贵。

5. 铁制楼梯

铁制楼梯实际上是木制品和铁制品的复合楼梯。有的楼梯扶手和护栏是铁制品,而楼梯板仍为木制品;也有的是护栏为铁制品,扶手和楼梯板采用木制品。选择这种楼梯的客户也不少,比起纯木楼梯来,这种楼梯似乎多了一份活泼情趣。(图 6-6)

三、楼梯材料的选择

1. 要考虑到家庭中是否有老人和小孩

一般情况下,有老人和小孩的家庭,最好避免采用钢质和铁质的,楼梯台阶也不要做得太高,楼梯扶手最好做成圆弧形,不要有太尖锐的棱角。楼梯踏板可选用木地板和铺地毯。

2. 可拆卸性

传统楼梯大量采用重质材料,分段铸造,现场拼接,工艺多采用焊接、铆接,再次分散就等于破坏。目前流行的楼梯,要求其具有可拆卸性,多采用坚固的轻质材料,工艺采用模块拼接套接式,只需一套组合工具,自己就可以安装楼梯了。楼梯可拆卸性的出现,给楼梯带来的一大突破,就是楼梯变得更像家具了。由于可拆卸,楼梯就具有了灵活的变化性,你可以尝试在任何角度进入上层空间。

四、楼梯空间设计

在 Loft 和复式房间中,楼梯是不可缺少的重要部分,因此营造一个独特楼梯空间是非常重要的。下面将介绍几种利用楼梯空间的创意方法。

1. 储物空间

利用楼梯下空间的一种常用手法,一般采用全包的方式,将楼梯下的空间封闭起来,以作为储物空间。但在设计时需要考虑封闭的材质与楼梯材质、形状的相互呼应。在设计时应注意不规则的封闭空间,做储物空间时对门扇的设计很多,不仅外形多为隐形门,且使用起来要能兼顾拿取物品时的便利性。

2. 读书空间

这是很常见的一种楼梯空间的使用方法。如果书籍很多,可在楼梯下专门设置一排与楼梯齐宽且依据楼梯走势设计的书柜,用来存放书籍,使空间呈现统一完整的感觉。

3. 电视背景墙

图 6-7 装饰空间

很多楼梯都设计在客厅的一侧，坡度处刚好是电视的摆放位置，若是这种情况，可考虑结合楼梯的材质、颜色甚至造型制作电视背景墙，将楼梯的异型隐藏在设计之中，或者也可以待电视背景设计完毕后，用壁纸、马赛克、瓷砖等将楼梯空间进行包装，实现室内环境的完美统一。

4. 厨房空间

楼梯下方的空间可能不好利用，因为其高度较矮，不过一个餐厨操作台正好乐意弥补这样的缺陷。楼梯下方靠近顶部不规则的外形正好可以被餐厨操作台的储物空间占据，而适当的餐厨台宽度也正好占据楼梯下方空间的宽度。这样，人在进行操作的时候，完全不会再有不规则空间的种种隐患。

5. 装饰空间

倘若楼梯下的空间较小，也可将其作为一个装饰空间，比如喜好养鱼的业主可以利用楼梯下的空间设置一个带水循环的鱼缸，附带在墙面上放置一些隔板或柜子，用于搁置装饰画或物品。另外，也可在楼梯下，配合楼梯的走势放置几株高矮不一的绿植，既能净化室内空气，还能装扮空间。若楼梯是转角楼梯，其一般呈现的是曲线之美，业主最好在其下放置绿植或大件的装饰物件，以免另为它用与风格不符，影响装饰效果。设计时应注意若为养鱼之用，则建议在装修之时做好防水处理，避免出现发霉等情况。此外，这种情况下，楼梯起步处的那个斜角通常为卫生死角，需要勤加打理。（图6-7）

第七章　照明工程

照明工程是指采用天然光或人造照明系统以满足特定光环境中照明要求的设计技术及工程的学科。照明的要求主要是被照表面的光照度、亮度、显色性及光环境的视觉效果等。照明的光环境包括室内及道路、广场等室外空间。现代照明还包括城市夜景工程等。

第一节　光源

一、光源的概述

光照的作用对人的视觉功能的发挥极为重要，因为没有光就没有明暗和色彩感觉，也看不到一切。光照不仅是人视觉物体形状、空间、色彩的生理的需要，而且是美化环境必不可缺少的物质条件。光照可以构成空间，又能改变空间；既能美化空间，又能破坏空间。不同的光照不仅照亮了各种空间，而且能营造不同的空间意境、情调和气氛。（图7-1）

凡可以将其他形式的能量转换成光能，从而提供光通量的设备或器具都可以统称为光源，而这其中可以将电能转换成光能，从而提供光通量的设备、器具则成为照明电光源。由于照明电光源的发光条件不同，所以其光电特性也各异。

图 7-1　照明与空间

二、电光源的种类

电光源按其发光物质的种类可分为固体发光光源和气体放电发光源两大类,见表 7-1。

表 7-1　电光源分类

电光源	固体发光源	热辐射光源	白炽灯	
			卤钨灯	
		电致发光光源	场致发光灯(EL)	
			半导体发光二级管(LED)	
	气体放电发光光源	辉光放电灯	氖灯	
			霓虹灯	
		弧光放电灯	低气压灯	荧光灯
				低压钠灯
			高气压灯	高压汞灯
				高压钠灯
				金属卤化物灯
				氙灯

三、科学选用电光源

　　常用的照明电光源有白炽灯、荧光灯、荧光高压汞灯、卤钨灯、高压钠灯和金属卤化物灯等。一般情况下,可逐步用气体放电光源替代热辐射电光源,并尽可能选用光效高的气体放电光源。(图 7-2)

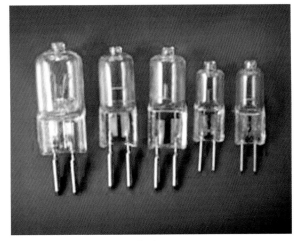

白炽灯　　　　　　　　　　　　　　　　　卤钨灯

图 7-2　电光源

117

1. 白炽灯

白炽灯将灯丝通电加热到白炽状态,是利用热辐射发出可见光的电光源。在所有用电的照明灯具中,白炽灯的效率是最低的,它所消耗的电能只有很小的部分,即 12%~18% 可转化为光能,而其余部分都以热能的形式散失了。至于照明时间,这种电灯的使用寿命通常不会超过 1 000 小时。

2. 节能灯

节能灯,又称为省电灯泡、电子灯泡、紧凑型荧光灯及一体式荧光灯,是指将荧光灯与镇流器(安定器)组合成一个整体的照明设备,节能灯的尺寸与白炽灯相近,与灯座的接口也和白炽灯相同,所以可以直接替换白炽灯。(图 7-3)

节能灯的电压通常是 170~250 V,适合中国供电需求,长寿命(是白炽灯的 6~10 倍),平均使用寿命大于 8 000 小时。无噪音、无频闪,对通讯、家用电器设备无干扰。比普通白炽灯泡省电 80%。

在装饰过程中常用 T4 易装节能灯、T4 带反光罩节能灯、T5 易装节能灯、T5 带反光罩节能灯、T8 转 T5 易装节能灯等等。

  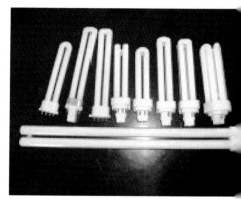

图 7-3 节能灯

3. 卤钨灯

填充气体内含有部分卤族元素或卤化物的充气白炽灯称为卤钨灯。卤钨灯比常规的白炽灯的光效更高,有各种光束角度,在泡壳内部有一定量的反射型涂层,使灯泡能将光线推向前方,这样人们就能比普通型白炽灯更方便地控制光束。

卤钨灯宜用在照度要求较高、显色性较好或要求调光的场所,如体育馆、大会堂、宴会厅等。其色温尤其适用于彩色电视的演播室照明。由于它的工作温度较高,不适于多尘、易燃、有爆炸危险、腐蚀性环境场所,以及有振动的场所等。石英聚光卤钨灯用于拍摄电影、电视及舞台照明的聚光灯具或回光灯具中。

照明开闭频繁,需要迅速点亮、需要调光或需要避免对测试设备产生高频干扰的地方和屏蔽室等,需要正确识别色彩,照度要求较高或进行长时间紧张视力工作的场所,宜采用卤钨灯。

4. 荧光灯

主要用放电产生的紫外辐射激发荧光粉而发光的放电灯称为荧光灯。只采用白炽灯的 1/5 至 1/3 的电能就能发出相同的光通量,比那些白炽灯的使用寿命更长。荧光灯能提供多种色温,其中暖白色的荧光灯最适合家居照明。荧光灯分传统型荧光灯和无极荧光灯,传统型荧光灯管内壁涂有荧光粉,荧光粉吸收紫外线的辐射能发出可见光。荧光粉不同,发出的光线也不同,这就是荧光灯可做成白色和各种彩色的缘由。由于荧光灯所消耗的电能大部分用于产生紫外线,因此,荧光灯的发光效率远比白炽灯和卤钨灯高,是目前节能的电光源。(图 7-4)

无极荧光灯即无极灯,它取消了对传统荧光灯的灯丝和电极,利用电磁耦合的原理,使汞原子从原始状态激发成激发态,其发光原理和传统荧光灯相似,是现今最新型的节能光源。有寿命长、光效高、显色性好等优点。

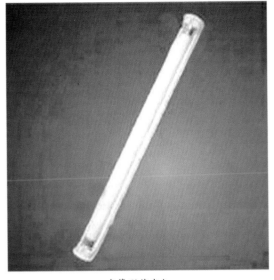

直管形荧光灯

彩色直管型荧光灯

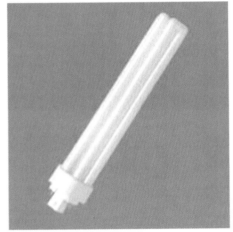

单端紧凑型节能荧光灯

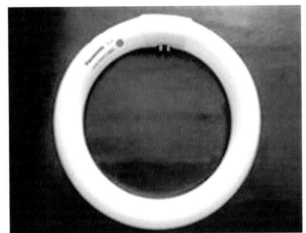

环形荧光灯

图 7-4　荧光灯

目前常见的荧光灯有：

（1）直管形荧光灯。这种荧光灯属双端荧光灯。常见标称功率有 4 W，6 W，8 W，12 W，15 W，20 W，30 W，36 W，40 W，65 W，80 W，85 W 和 125 W。

（2）彩色直管型荧光灯。常见标称功率有 20 W，30 W，40 W。彩色荧光灯的光通量较低，适用于商店橱窗、广告或类似场所的装饰和色彩显示。

（3）单端紧凑型节能荧光灯。这种荧光灯的灯管、镇流器和灯头紧密地联成一体，除了破坏性打击，无法把它们拆卸，故被称为"紧凑型"荧光灯。可方便地直接取代白炽灯。

（4）环形荧光灯。除形状外，环形荧光灯与直管形荧光灯没有多大差别。常见标称功率有 22 W，32 W，40 W。主要提供给吸顶灯、吊灯等作配套光源，供家庭、商场等照明用。

5.LED 即发光二极管

结构是一块电致发光的半导体材料，置于一个有引线的架子上，然后四周用环氧树脂密封，起到保护内部芯线的作用。LED 基本上是一块很小的晶片被封装在环氧树脂里面，所以它非常的小，非常的轻，耗电非常低，一般来说 LED 的工作电压是 2~3.6 V，工作电流是 0.02~0.03 A。这就是说：它消耗的电不超过 0.1 W。LED 光源有人称它为长寿灯，意为永不熄灭的灯。固体冷光源，环氧树脂封装，灯体内也没有松动的部分，不存在灯丝发光易烧、热沉积、光衰等缺点，使用寿命可达 6 万到 10 万小时，比传统光源

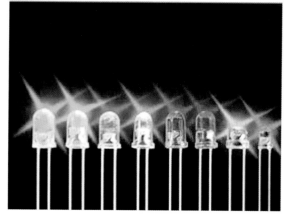

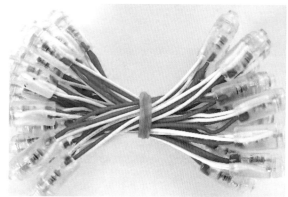

图 7-5 LED 灯

寿命长 10 倍以上。LED 是由无毒的材料制成,不像荧光灯含水银会造成污染,同时 LED 也可以回收再利用。由于 LED 是被完全的封装在环氧树脂里面,它比灯泡和荧光灯管都坚固,灯体内也没有松动的部分,这些特点使得 LED 可以说是不易损坏的。高节能:节能能源无污染即为环保。直流驱动,超低功耗(单管 0.03~0.06 W)电光功率转换接近 100%,相同照明效果比传统光源节能 80% 以上。多变幻:LED 光源可利用红、绿、蓝三基色原理,在计算机技术控制下使三种颜色具有 256 级灰度并任意混合,即可产生 256×256×256=16 777 216 种颜色,形成不同光色的组合变化多端,实现丰富多彩的动态变化效果及各种图像。利环保:环保效益更佳,光谱中没有紫外线和红外线,既没有热量,也没有辐射,眩光小,而且废弃物可回收,没有污染,不含汞元素,冷光源,可以安全触摸,属于典型的绿色照明光源。(图 7-5)

高新尖:与传统光源单调的发光效果相比,LED 光源是低压微电子产品,成功融合了计算机技术、网络通信技术、图像处理技术、嵌入式控制技术等,所以亦是数字信息化产品,是半导体光电器件"高新尖"技术,具有在线编程,无限升级,灵活多变的特点。LED 的内在特征决定了它是最理想的光源去代替传统的光源,它有着广泛的用途。

6. 金属卤化物灯

金属卤化物灯是在高压汞灯和卤钨灯工作原理的基础上发展起来的新型高效光源,其基本原理是将多种金属以卤化物的形式加入到高压汞灯的电弧管中,使这些金属原子像汞一样电离、发光。汞弧放电决定的是它的电性

图 7-6 金属卤化物灯

能和热耗损,而充入灯管内的低气压金属卤化物,可以制成不同特性的光源,金属卤化物灯尺寸小、功率大(250~2 000 W)、光效高,由于光谱接近自然光,故显色性好。缺点是需要较长的启动过程,从启动到光电参数基本稳定一般需要4~8分钟,而完全达到稳定则需15分钟。(图7-6)

7. 钠灯

钠灯是利用纳蒸汽放电的气体放电灯的总称。有低压钠灯和高压钠灯之分。(图7-7)

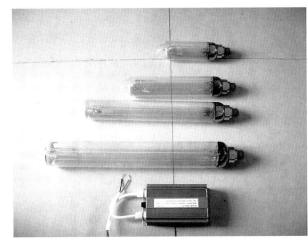

高压钠灯　　　　　　　　　　　　　　　低压钠灯

图 7-7　钠灯

（1）低压钠灯

低压钠灯的光色呈现橙黄色,它的光视效能极高,一般可达140~180 W,光色柔和,眩光小,透雾能力极强,适用于公路、隧道、港口、货场和矿区等场所的照明,也可作为特技摄影和光学仪器的光源。低压钠灯的缺点是其辐射近乎是单色黄光,分辨颜色的能力差,不宜用于繁华的市区街道和室内照明。

（2）高压钠灯

钠灯在低的蒸汽压力下,往往会出现单一的黄光。所以为改善灯的光色,提高纳的蒸汽压力,后来就研制出高压钠灯。高压钠灯主要为黄色、红色光谱,工作时发出白色的光。高压钠灯光效高,可达120 W,寿命长透雾性好,是一种理想的节能光源,广泛应用于道路、机场、码头、车站、广场及工矿企业的照明。其缺点是显色指数低,当电源切断灯熄灭后,无法立即点燃,需经过10~20分钟的间隔时间,故不适用于需要频繁开启的场所。

8. 高压汞灯

高压汞灯是利用汞放电时产生的高气压来获得高发光效率的一种光源。它的光谱能量分布和发光效率主要由汞蒸气压力决定。当汞蒸气压力低时,放射短波紫外线强,可见光较弱;当气压增高时,可见光变强,光效率也随之提高。(图7-8)

按照汞蒸气压力的不同,汞灯可以分为三种类型:低压汞灯、高压汞灯和超高压汞灯。高压汞灯根据其构造又可以分为透明外壳高压汞灯、荧光高压汞灯、反射型高压汞灯、自镇流高压汞灯。

高压汞灯的发光率高,寿命长,可达12 000小时,与高压钠灯相比价格较低。其缺点是启动过程需要4~8分钟,而且熄灭后不能立即启动,。显色色性较差,在能源消耗上较高压钠灯高。高压汞灯除用于道路照明、工厂照明、运动照明等普通照明外,在复印、光聚合和紫外线干燥等工业方面,在光照栽培和集鱼灯集鱼等农业、水产方面,以及保健、医疗方面也都得了广泛的应用。

为了便于设计时合理选用电光源,见下表7-2。

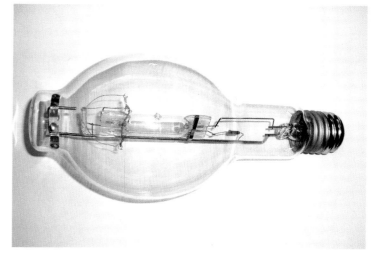

反射型高压汞灯　　　　　　　　　　　　　自镇流高压汞灯

图7-8　高压汞灯

表7-2　常用电光源的应用场所

序号	光源名称	应用场所	备注
1.	白炽灯	除开关频繁场所,需要调光的场所及严格要求防止电磁波干扰的场所外,其余场所不推荐使用	单灯功率不宜超过100W
2	节能灯	家庭、学校、研究所、工业、商业、办公室、控制室、设计室、医院、图书馆等照明	
3	卤钨灯	电视播放、绘画、摄影照明,反光杯卤素灯用于贵重商品照明、模特照明	
4	荧光灯	家庭、学校、研究所、工业、商业、办公室、控制室、设计室、医院、图书馆等照明	
5	紧凑型荧光灯	家庭、旅馆等照明	
6	荧光高压汞灯	小城市街道照明,但不推荐使用	
7	自镇流荧光灯高压汞灯	一般不再使用	
8	金属卤化物灯	体育场馆、展览中心、游乐场所、商业街、广场、机场、停车场、车站、码头、工厂、电影外景摄制、演播室等照明	
9	普通高压钠灯	道路、机场、码头、港口、车站、广场、无显色要求的工矿企业等照明	
10	中显色高压钠灯	高大厂房、商业区、游泳池、体育馆、娱乐场所等的室内照明	
11	LED	电子显示屏、交通信号灯、机场地面标志灯、疏散标志灯、庭院照明、建筑物夜景照明等	

四、灯光设计的原则

1.功能性原则

灯光照明设计必须符合功能的要求,根据不同的空间、不同的场合、不同的对象选择不同的照明方式和灯具,并保证恰当的照度和亮度。例如:会议大厅的灯光照明设计应采用垂直式照明,要求亮度分布均匀,避免出现眩光,一般宜选用全面性照明灯具;商店的橱窗和商品陈列,为了吸引顾客,一般采用强光重点照射以强调商品的形象,其亮度比一般照明要高出3~5倍,为了强化商品的立体感、质感和广告效应,常使用方向性强的照明灯具和利用色光来提高商品的艺术感染力。

2.美观性原则

灯光照明是装饰美化环境和创造艺术气氛的重要手段。为了对室内空间进行装饰,增加空间层次,渲染环境气氛,采用装饰照明,使用装饰灯具十分重要。在现代家居建筑、影剧建筑、商业建筑和娱乐性建筑的环境设计中,灯光照明更成为整体的一部分。灯具不仅起到保证照明的作用,而且十分讲究其造型、材料、色彩、比例、尺度,灯具已成为室内空间的不可缺少的装饰品。灯光设计师通过灯光的明暗、隐现、抑扬、强弱等有节奏的控制,充分发挥灯光的光辉和色彩的作用,采用透射、反射、折射等多种手段,创造温馨柔和、宁静幽雅、怡情浪漫、光辉灿烂、富丽堂皇、欢乐喜庆、节奏明快、神秘莫测、扑朔迷离等艺术情调气氛,为人们的生活环境增添了丰富多彩的情趣。

3. 经济性原则

灯光照明并不一定以多为好,以强取胜,关键是科学合理。灯光照明设计是为了满足人们视觉生理和审美心理的需要,使室内空间最大限度地体现实用价值和欣赏价值,并达到使用功能和审美功能的统一。华而不实的灯饰非但不能锦上添花,反而画蛇添足,同时造成电力消耗,能源浪费和经济上的损失,甚至还会造成光环境污染而有损身体的健康。灯光照明的亮度的标准,由于用途和分辨的清晰度要求不同,选用的标准也各不相同。

4. 安全性原则

灯光照明设计要求绝对的安全可靠。由于照明来自电源,必须采取严格的防触电、防断路等安全措施,以避免意外事故的发生。

第二节　照明灯具的种类及选择

一、灯具的种类

照明种类包括:转道、聚光灯、泛光灯、洗墙灯、照明结构件、向下照明灯具、任务照明、壁式照明、边界照明、隐藏式地面照明、定向照明以及方向性照明。(图 7-9,图 7-10)

灯具的主要功能是合理分配光源辐射的光通量,满足环境和作业的配光要求,并且不产生眩光和严重的光幕反

木质层叠浮云状吊灯

吸顶灯

图 7-9　灯具 -1

射。选择灯具时,除考虑环境光分布和限制眩目的要求外,还应考虑灯具的效率,选择高光效灯具。根据灯具的安装方式,可将灯具分为吊灯、吸顶灯、壁灯、嵌入式灯具、暗槽灯、台灯、落地灯、发光灯棚、高杆灯、草坪灯等,其分类及使用场所见表 7-3。

表 7-3　灯具按安装方式的分类及适用场所

安装方式	吸顶式灯具	嵌入式灯具	悬吊式灯具	壁式灯具
特征	(1)顶棚照亮 (2)房间明亮 (3)眩光可控制 (4)光利用率高 (5)易于安装和维护 (6)费用低	(1)与吊顶系统组合在一起 (2)眩光可控制 (3)光利用率吸顶式低 (4)顶棚与灯具的亮度对比大,顶棚暗 (5)费用高	(1)光利用率高 (2)易于安装和维护 (3)费用低 (4)顶棚有时出现暗区	(1)可照亮壁面 (2)易于安装和维护 (3)安装高度低 (4)易形成眩光
适用场所	适用于低顶棚照明场所	适用于低顶棚但要求眩光小的照明场所	适用于顶棚较高的照明场所	适用于装饰照明兼作加强照明和辅助照明用

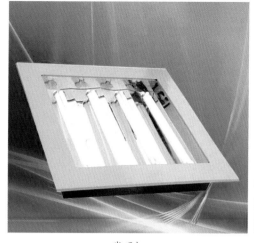

嵌顶灯

西班牙 Estiluz 高档壁灯

图 7-10　灯具 -2

1. 吊灯

一般为悬挂在天花板上的灯具，是最常采用的普遍性照明，有直接、间接、下向照射及均散光等多种灯型。吊灯的大小及灯头数的多少均与房间的大小有关。吊灯一般离天花板 500~1 000 mm，可根据设计适时调整。常用的有欧式烛台吊灯、中式吊灯、水晶吊灯、羊皮纸吊灯、时尚吊灯、锥形罩花灯、尖扁罩花灯、束腰罩花灯、五叉圆球吊灯、玉兰罩花灯、橄榄吊灯等。

2. 吸顶灯

直接安装在天花板面上的灯型。光源有白炽灯吸顶和荧光灯吸顶，特点是可使顶棚较亮，构成全房间的明亮感，可以得到一室一灯空间的必要亮度。缺点是易产生眩光。由于现在一般住宅层高都比较低，所以被广泛采用。吸顶灯有数不胜数的造型，选择时必须根据整体设计的布局组合方式、结构形式、天棚构造和审美要求来考虑和挑选。灯具的尺度大小要与室内空间相适应，结构上一定要安全可靠。

3. 嵌顶灯

泛指嵌装在天花板内部的隐式灯具，灯口与天花板衔接，通常属于向下抽射的直接光灯型。它的最大特点就是能保持建筑装饰的整体统一与完美，不会因为灯具的设置而破坏吊顶艺术的完美统一。这种嵌装于天花板内部的隐置性灯具，所有光线都向下投射，属于直接配光。可以用不同的反射器、镜片、百叶窗、灯泡，来取得不同的光线效果。常用的嵌顶灯型是嵌入式格栅灯与嵌入式筒灯。格栅灯光源一般是日光灯管。适合安装在有吊顶的写字间，各类公共服务区。筒灯不占据空间，可增加空间的柔和气氛，如果想营造温馨的感觉，可试着装设多盏筒灯，减轻空间压迫感。一般在酒店、家庭、咖啡厅使用较多。

4. 壁灯

壁灯是安装在墙壁上的灯具，是装饰性及补充型照明的灯具，有托架式和嵌入式两种。由于距地面不高，一般都用低瓦数灯泡。壁灯的安装高度必须注意遮光，因为安装在人们视线比较近的位置，为了防止对人们造成由于眩光产生的影响，所以不要让人们看到灯具里的灯泡。

5. 射灯

舞台照明的首选就是射灯。射灯多用于餐厅、服装店等商业设施，特别是在橱窗里，配合滤光镜片使用，如同舞台上的戏剧演出一样缤彩纷呈。

射灯的反光罩有强力折射功能，10 W 左右的功率就可以产生较强的光线。光线集中，可以重点突出或强调某物件或空间，装饰效果明显。射灯的颜色接近自然光，将光线反射到墙面上，不会刺眼，而且可利用小灯泡做出不同的投射效果。射灯安装在不明显的位置，可以使被照射对象如自己发光，具有戏剧般的显眼效果。

射灯的类型有下照射灯可装于顶棚、床头上方、橱柜内，还可以吊挂、落地、悬空，分为全藏式和半藏

图 7-11　路轨射灯

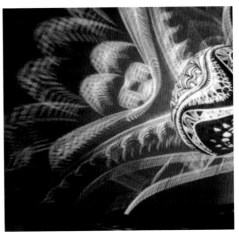

图 7-12　波兰艺术家 Calabarte 葫芦台灯

式两种类型。下照射灯的特点是光源自上而下做局部照射和自由散射,光源被合拢在灯罩内,其造型有管式下照灯、套筒式下照灯、花盆式下照灯、凹形槽下照灯及下照壁灯等。

路轨射灯大都用金属喷涂或陶瓷材料制作,有纯白、米色、浅灰、金色、银色、黑色等色调;外形有长形、圆形,规格尺寸大小不一。射灯所投射的光束,可集中于一幅画、一座雕塑、一盆花、一件精品摆设等。可以设一盏或多盏,射灯外形与色调,尽可能与居室整体设计谐调统一。路轨射灯装于顶棚下 15~30 cm处,也可装于顶棚一角靠墙处。(图 7-11)

6. 活动灯具

活动灯具就是可以随需要自由放置的灯具。一般桌面上的台灯,地板上的落地灯都属于这种灯具,是一种最具有弹性的灯型。但是活动灯具是通过电源插座供电,如果附近没有电源插座就会加长导线连接,导致凌乱,不美观,因此如果活动灯具的位置有要求,则需在设计电源插座时安排妥当。

如今灯具设计的发展,人们选购台灯的时候也很重视装饰作用,因此既美观又实用的台灯更受消费者的青睐,波兰艺术家 Calabarte 掏空和晒干葫芦水果皮雕刻出令人惊叹的台灯。美妙的图案和错综复杂的雕刻,已达到更深层次的外壳设计,可以让光线穿过,散发出光芒,因为水果的形状是由其性质所决定的,所以其中每一盏灯都是独一无二的,放在卧室,可以营造不一样的氛围。（图7-12）

二、灯光的照明方式

灯光照明方式可分为:直接型、半直接型、全漫射型（包括水平方向光线很少的直接—间接型）、半间接型和间接型。（图7-13）

1.直接照明

光源的全部或90%以上直接投射到被照物体上。特点是亮度大,给人以明亮、紧凑的感觉。

2.半直接照明

光源的60%~90%直接投射到被照物体上,其中10%~40%经反射后再投射到被照物体上。它的亮度仍然较大,但比直接照明柔和。射向上方的分量将减少照明环境所产生的阴影的硬度并改善其各表面的亮度比。

3.间接照明

光源到达被照物体上,光量弱,光线柔和,无眩光和明显阴影,具有安祥、平和的气氛。设计得好时,全部天棚成为一个照明光源,达到柔和无阴影的照明效果。由于灯具向下光通很少,只要布置合理,直接眩光与反射眩光都很小。此类灯具的光通利用率比前面四种都低。有人也大胆地将间接照明效果称为环境照明,间接照明时与创造氛围以及环境视觉的舒适性相关的手法,环境照明就是积极地去规划地面、墙面、顶棚的亮度。

图7-13　灯光照明方式

4.半间接照明

光源60%以上的光经过反射后照到被照物体上,只有少量光直接射向被照物体。上面敞口的半透明罩属于这一类。它们主要作为建筑装饰照明,由于大部分光线投向顶棚和上部墙面,增加了室内的间接光,光线更为柔和宜人。

5.漫射照明

利用半透明磨砂玻璃罩、乳白罩或特制的格栅,使光线形成多方向的漫射,其光线柔和,有很好的艺术效果,适用于起居室、会议室和一些大的厅、堂照明。最常见的是乳白玻璃球形灯罩,其他各种形状漫射透光的封闭灯罩也有类似的配光。这种灯具将光线均匀地投向四面八方,因此光通利用率较低。

三、灯具的选择

1.灯具的选用原则

照明设计中,应选择既能满足使用功能和照明质量的要求,又便于安装维护、长期运行费用低的灯具,具体应考虑以下几个方面:

（1）光学特性,如配光、眩光控制等;

> **提　示**
>
> 眩光是指视野中由于不适宜亮度分布,或在空间或时间上存在极端的亮度对比,以致引起视觉不舒适和降低物体可见度的视觉条件。视野内产生人眼无法适应之光亮感觉,可能引起厌恶、不舒服甚或丧失明视度。在视野中某一局部地方出现过高的亮度或前后发生过大的亮度变化,这种现象称为"眩光"。

（2）经济型，如灯具效率、初始投资及长期运行费用等；

（3）特殊的环境条件，如有火灾危险、爆炸危险的环境，有灰尘、潮湿、震动和化学腐蚀的环境；

（4）灯具外形上应与建筑物相协调。

2. 根据照明特性选择灯具

根据不同的照明方式选择所适用场所的不同灯具，见下表7-4。

表 7-4 选择灯具

照明方式	适用场所	不适用场所
间接型	目的在于显示顶棚图案、高度为 2.8~5 m 的非工作场所照明，或者用于高度为 2.8~3.6 m，视觉作业涉及反光纸张、反光墨水的精细作业场所	顶棚无装修、管道外露的空间；或视觉作业是以地面设施为观察目标的空间；一般工业生产厂房
半间接型	增强对手工作业照明	在非作业区和走动区内，其安装高度不应低于人眼位置；不应在楼梯中间悬吊此类灯具，以免对下楼时产生眩光；不宜用于一般工业生产厂房
直接型	用于要求高照明的工作场所，能使空间显得宽尚明亮，适用于餐厅与购物场所	需要显示空间处理有主有次的场所
漫射型	常用于非工作场所非均匀环境照明，灯具安装在工作区附近，照亮墙的最上部，适合厨房局部作业照明结合使用	因漫射光降低了光的方向性，因而不适合作业照明，但可用于易受眩光影响的作业，如化妆照明
半直接型	因大部分光供下面的作业照明，同时上射少量的光，从而减轻了眩光，是最适用的均匀作业照明灯具，广泛用于高级会议室、办公室	很重视外观设计的场所

第三节　建筑环境照明

建筑和照明设施一体化的装饰效果，也称为结构式照明。装置将光源隐藏在建筑构件中，并和建筑构件（顶棚、墙檐、梁、柱等）或和家具合成一体的照明方式，其可分为两类，一类是发光顶棚、光梁、光带等，另一类是反光的光檐、反光假梁。结构式照明一般都采用日光灯管为光源。顶蓬式为间接照明，檐板式为直接照明，其他多为半间接均散光。此种照明方式通常都用来作背景光或装饰性照明，须配合建筑物的结构要件作整体考虑。他们的特点是发光体不再是分散的点的光源，而扩大为发光带或发光面。因此能在保持发光表面高度较低的条件下获得较高的照度。光线扩散性极好，整个空间照度十分均匀，光线柔和、阴影浅淡，甚至没有阴影，消除了直接眩光，大大减弱了反射眩光。

一、照明布局的形式

1. 工作照明

工作照明是人们用眼较多的工作或活动时需要的非常集中的高亮度光线照明，像办公室中常用的灯、台灯、安装于橱柜下面的长条状的照明灯，或者浴室中镜子两侧竖直安置的长条状灯具都可提供工作照明。

从工作角度出发，白炽灯的灯泡距桌面高度应该要求安装：60 W 为 100 cm，25 W 为 50 cm，15 W 为 30 cm；日光灯距桌面高度：40 W 为 150 cm，30 W 为 140 cm，20 W 为 110 cm，8 W 为 55 cm。

工作照明应仔细考虑所需的光量，然后再将光源正确定位，避免多余阴影的干扰，必须确保当人坐着时，台灯灯泡底部插座与灯罩底部和人的眼睛成一线。

2. 隐藏照明

将装置主体部分隐藏于天花板之内，分成若干组的隐藏照明，灯光向上反射。墙壁、窗帘上的隐藏装置,也同样能达到照明效果。

3. 局部照明

为了满足特定视觉工作空间需要、特殊的审美要求,或者为了突出某个局部,专门设置的照明成为局部照明。局部照明常用于要求照明的亮度高、目标集中的某些场所,通常为一些功能性的空间,例如熨烫、看书、做饭等所在区域。还有一类局部照明主要是基于美观原因,主要用于强调空间特色或突出某些装饰性元素,例如建筑空间的细节部位、收藏品、陈设和艺术品等,利用灯光来表现其建筑特色或材料的质地。

二、居室空间照明

在室内设计中,灯光是一个十分重要的设计元素,任何一个好的室内设计空间,如果没有合适的灯光,那么它就不算一个完整的设计。现在的人们生活在快的节奏中,家居生活是否舒适、惬意,很大程度上影响着家庭的生活质量,甚至影响到人们的心理和生理健康。(图7-14)

图 7-14 居室照明

在居室空间中,各居室的功能不同,照度也就不一样。在进行照明设计时,应根据使用者的不同需求进行设计,例如老年人,由于老年人视力随着年龄问题,逐渐衰退,所需要的照度相对较高;对中年人,年轻人来说要求照度相对较低。

在室内个性化空间中,既不能出现过暗的阴影,也要避免出现强烈的明暗对比,只有突出空间中的照明重点,才能表现出空间的中心和凝聚力,如果反差过大,对比强烈,就会使人心烦意乱、疲劳或者注意力不集中。一般情况下,工作区的亮度不能超过工作区周围亮度的4倍。

1. 居室空间照明中光源的选择

在居室空间中,照明选用小功率光源为主,常用的电源有白炽灯、低压卤钨灯、紧凑型荧光灯、直管式荧光灯和环形荧光灯等。表7-5给出住宅房间常用的使用范围。

表 7-5 住宅房间常用的使用范围

白炽灯使用场所	荧光灯适用场所
1. 点灯时间短的场所(门厅、厕所、洗脸间、浴室、厨房等)	1. 点灯时间长的场所(学生课外学习场所、家务劳动场所、夜间要求长时间点灯的公共走廊)
2. 要求红光成分多的场所(餐桌、会议室、梳妆台等)	2. 要求高明度的场所(书桌照明、多用途居室的一般照明)
3. 要求局部高照度的场所(机械缝纫、沙发阅读)	3. 装饰照明(条形壁灯、暗槽灯、窗帘盒照明)
4. 需经常开关或调光的场所(卧室、娱乐室、厕所、楼梯间等)	4. 穿衣镜照明、床头照明
5. 装饰照明(如壁灯)	

2. 住宅光源种类

根据光源的特点和住宅内不同空间的使用特点,住宅内适用光源的种类见表7-6。

表7-6 住宅内适用光源的种类

室内场所	照明要求	适用光源
卧室	暖色调,低照度,需要创造宁静、甜蜜、温馨的气氛	白炽灯作全面照明
	长时间阅读、书写时要求高照度	台灯可用紧凑型荧光灯
起居室	明度,高照度,点灯连续时间长	紧凑型荧光灯、环形荧光灯、直管荧光灯
	需要表现豪华装修	白炽灯的花灯、台灯、壁灯、重点照明用低压卤钨灯
梳妆台	暖色光、显色性好,富于表现人的肌肤和面貌,照度要求高	以白炽灯为主
小厅	亮度高,连续点灯时间长,要求节能	紧凑型荧光灯
餐厅	以暖色调为主,显色性好,增加食物色泽,增进食欲	白炽灯
书房	书写及阅读要求高照度,以局部照明为主	紧凑型荧光灯
室、厕所	光线柔和,开关频繁	白炽灯
走道、楼梯间、储藏室	照度要求较低,开关频繁	白炽灯

三、办公空间照明

办公室是人们长期进行公务活动的场所,也是工作人员长期停留的空间。办公空间室内照明是空间环境质量的重要组成部分,影响办公人员的工作效率和身心健康。在进行办公空间照明设计时,要考虑整个室内空间的视觉环境是否美观与舒适。

舒适的办公环境可以激发人们的工作热情,提高办公效率。办公室照明方式可分为一般照明和局部照明。一般情况下,在顶棚安装固定样式的灯具,来提供一般照明,可以保证工作面上得到均匀的照度,并且可以根据办公室不同的使用要求进行空间分割,对于大面积的、高亮度的顶部光源易产生眩光,会使空间显得呆板,所以在大空间的办公室中,要在保持顶面照明的基础上适当增加台面或局部照明,使工作面上获得足够的照度,同时也能产生丰富的空间层次感。(图7-15)

1. 办公空间照明中光源的选择

在整个办公楼内的办公室、打字室、工作室等空间,宜选用荧光灯。办公室的一般照明通常可采用发光顶棚、嵌入式或吸顶式荧光灯具适用于不同的空间。使用荧光灯原则上不大于3 m,方向上应与外窗平衡。

对于作业区照度要求较高的办公室,局部照明可以使用紧凑型荧光灯的台灯、地灯、壁灯等来满足需求。局部照明的灯具高度应在视线之上,约高出桌面0.6m,使用时可以通过改变灯具的方位寻找合适的角度,既能为工作面提供足够的亮度,又能使眼睛看不到光源,避免产生直射眩光。

2. 办公空间光源种类

根据不同办公空间的使用特点,办公空间内适用光源的种类见表7-7。

表 7-7 办公空间内适用光源的种类

室内场所	照明要求	适用光源
前台	整体亮度要求高	可采用金卤筒灯作为基础照明,同时以翻转式射灯或导轨射灯对背景形象墙重点照明
集体办公室	光线舒适、均匀,避免眩光	工作台区域采用格栅灯盘,在集体办公室通道区域采用节能筒灯照明,给通道补充光线
公共通道	照明要求不高,满足功能照明	一般根据通道天花的结构和高度,采用隐藏式灯具照明或节能筒灯照明
单间办公室	照明应以功能性为主,并结合空间装饰增加氛围营造	通常工作台区域可采用漫射格栅灯盘或防眩系列筒灯。同时可采用防眩天花射灯加强墙的立面照明,提高舒适度
会客室	照明亮度柔和	可以采用显色性较好的筒灯,以柔和的亮度为宜。同时注重立面表现,可采用角度可调射灯来提高墙立面亮度
会议室	避免不合适的阴影和明暗对比	结合天花装饰结构,可采用悬吊式灯具或隐藏式灯具形成灯带

图 7-15 办公空间照明

第八章　工程概预算

每一个工程,结构、材料、造型上的设计都不尽相同,而且受当地资源条件,人员作业效率等各因素的差异影响,工程概预算都会不同。为了规范工程费用,必须采用恰当装饰工程预算方法来确定每个工程的预算价格。

第一节　建筑装饰工程预算

根据不同设计阶段的设计图,按照规定的装饰工程定额和规定的各项收取费标准及装饰预算价格等资料,按一定的步骤预先计算出的装饰工程所需全部投资的造价文件。

一般工程项目的建设程序依次可分为投资决策、工程设计、招投标、施工安装、竣工验收等几个阶段,而其中的工程设计为了有次序有步骤地进行,一般又可按工程规模大小、技术难易程度等不同分三段设计(初步设计、技术设计、施工图设计),或两段设计(扩大初步设计、施工图设计)。

一、建筑装饰工程的概预算

由于建筑装饰工程设计和施工的进展阶段不同,建筑装饰工程的概预算可分为:建筑装饰工程投资估算、建筑装饰工程的设计概算、施工图预算、施工预算和竣工结(决)算等。

建筑装饰工程投资估算:指建设单位根据任务书规划的工程规模,依照概算指标或估算指标、收费标准及有关技术经济资料等,所编制的建筑装饰工程所需费用的技术经济文件,是设计(计划)任务书的主要内容之一,也是审批立项的重要依据。

1. 建筑装饰工程设计概算:指设计单位根据工程规划或初步设计图、概算定额、取费标准及有关技术经济资料等,所编制的建筑装饰工程所需费用的改选文件。

2. 建筑装饰工程施工图预算:指建筑装饰工程在设计概算批准后,在建筑装饰工程施工图设计完成的基础上,由编制单位根据施工图、装饰工程基础定额和地区费用定额等文件,所编制的一种单位装饰工程预算价值的工程费用文件。施工图预算的内容包括:预算书封面、预算编制说明、工程预算表、工料汇总表和图样会审变更通知等。

3. 建筑装饰工程施工预算:指施工单位在签订工程合同后,根据施工图、施工定额等有关资料计算出施工期间所应投入的人工、材料和金额等数量的一种内部工程预算。施工预算由施工承包单位编著,施工预算的内容包括:工程量计算、人工和材料数量计算、两算对比、对比结果的整改措施等。

4. 建筑装饰工程竣工结(决)算:指工程竣工验收后的结算和决算。竣工结算时以单位工程施工图预算为基础,补充实际工程中所发生的费用内容,由施工单位编制的一种结清工程款项的财务结算。竣工决算是以单位工程的竣工结算为基础,对工程的预算成本和实际成本,或对工程项目的全部费用开支,进行最终核算的一项财务费用清算。

设计概算是工程概预算的最高限额,施工图预算一般不得超过设计概算。

二、按工程规模大小分类

一个建设项目由大到小可划分为建设项目、单项工程、单位工程、分部工程和分项工程。

1. 建设项目:也称投资项目。一个建设项目一般来说由几个或若干个单项工程所构成,也可以是一个独立工程。在建设工程中,一个学校、一所医院、一所宾馆、一个机关单位等为一个建设项目。

2. 单项工程:又称工程项目,是建设项目的组成部分。单项工程指具有独立的设计文件,能够单独编制综合预算,能够单独施工,建成后可以独立发挥生产能力或使用效益的工程,如一个学校建设中的某栋教学楼、图书馆等。

3. 单位工程:单位工程是单项工程的组成部分,它具有单独设计的施工图和单独编著的施工图预算,可以独立施工,但建成后不能单独进行生产或发挥效益。一栋办公楼的一般土建工程、建筑装饰工程、给水排水工程等均可以为一个单位工程。

4. 分部工程:是单位工程的组成部分,一般是按单位工程的各个部位、主要结构、使用材料或施工方法等不同而划分的工程。如楼地面工程、墙柱工程、天棚工程等都是分部工程。

5. 分项工程:是分部工程的组成部分,是根据分部工程的划分原则,将分部工程再进一步划分成若干细部就是分项工程。如墙柱装饰工程中的内墙瓷砖饰面、外墙釉面砖饰面等都是分项工程。

由工程规模大小分类也可以将概预算分为单位工程概预算、单项工程综合概算、工程建设其他费用概预算(按照国家规定应在建设投资费用中支付的各项赔付、补偿、培训费用)、建设工程项目总概算。

装饰工程施工项目成本计划:是项目经理部对施工项目、施工成本进行计划管理的工具。它是以货币形式编制施工项目在计划期内的生产费用、成本水平、成本降低率所采取的主要措施和规划的书面方案,它是建立施工项目成本管理责任制,开展成本控制和核算的基础。一般来说,室内装饰施工项目成本计划应包括从开工到竣工所需的施工成本。

施工项目成本分析与一般问题分析的方法基本相同,应该遵循对比分析的原则,遵循由宏观到微观、由全面到重点、由粗到细、由表及里的分析方法。之前已经分析施工项目管理中存在四个层面的数据,即:中标预算数据、施工预算数据、计划成本数据、实际消耗数据。这些数据之间不同的对比说明不同的问题,在分析时应该根据不同分析要求定义不同的分析报表,用以说明不同的问题。

第二节 建筑装饰工程费用的构成

室内装饰工程预算的编制是根据施工图设计和预算定额单价(或单位估价法)、取费来编制的。装饰工程预算是确定该项装饰工程所需的全部投资文件,由建标《关于调整建筑安装工程费用项目组成的若干规定》文件规定,建筑安装工程费用由直接工程费、间接费、计划利润、税金等四部分构成。

一、直接工程费

1.直接费:由人工费、材料费、机械费组成。

2.其他直接费:冬雨季施工增加费、夜间施工增加费、材料二次搬运费、仪器仪表使用费、生产工具用具使用费、检验试验费、特殊工种培训费(特定环境中)、工程定位复测,交工验收及现场清理费、特殊地区施工增加费。

3.现场 经费;临时设施费、现场管理费。

二、间接费

1.企业管理费。

2.财务费用。

3.其他费用。

三、计划利润

计划利润指按规定应计入建筑安装工程造价的利润。以及不同投资来源或工程类别实施差别利率。

四、税金

税金指国家税法规定的应计入建筑安装工程造价内的营业税、城市维护建设税及教育费附加。

工程预算是对工程项目在未来一定时期内的收入和支出情况所做的计划。它可以通过货币形式对工程项目的投入进行评价并反映工程的经济效果。它是加强企业管理、实行经济核算、考核工程成本、编制施工计划的依据;也是工程招投标报价和确定工程造价的主要依据。

第三节 室内装饰工程预算

对于一个项目部可控的成本项目本身的管理费用和用于工程项目的直接费用,是该项目管理者需要考虑的问题。但是对于项目中可控的成本,用于工程中的直接费用所占比例具体多大,实践中较难控制,所以这部分的管理控制工作成为项目部日常工作的重点。

一、室内装饰工程预算的作用

1.装饰工程预算是建筑装饰施工单位(施工企业或称乙方)和建设单位(房主或称甲方)签订工程承包合同和办理工程结算价款的依据。

2.装饰工程预算是银行拨付工程价款的依据。

3.装饰工程预算是施工企业(乙方)编制计划,统计和完成施工产值的依据。

4.装饰工程预算在实行招标承包制的情况下,是建设单位(甲方)确定标底和施工单位(乙方)竞标、报价的依据。

二、室内装饰工程预算编制方法

装饰工程预算的编制方法主要有两种:单位估价法和实物造价法,一般的装饰工程预算,按常规采用单位估价法编制施工图预算,但由于装饰工程多使用新材料、新技术、新机械设备,在必要时需要采用实物造价法编制工程预算。

1. 单位估价法

此种方法是利用分部分项工程单价计算工程造价的方法,计算程序为:

(1)根据施工图计算出分部分项工程量。

(2)根据地区装饰工程预算定额单位估价表或预算定额单价计算分部分项工程直接费规定、计算间接费、计划利润、直接费汇。总如单位工程直接费。

(3)根据取费规定,计算间接费、计划利利润、直接费汇总,计算得单位工程预算造价。

(4)进一步汇总得出综合预算和总预算造价。

2. 实物造价法

此种方法是按实际用工料数量来计算工程造价的方法。计算程序为:

(1)利用施工图设计,计算材料消耗的数量。

(2)按照劳动额定计算人工工日。

(3)按照装饰机械台班费用定额,计算施工机械使用费。

(4)根据人工日工标准、材料预算价格、机械台班费用单价等资料,计算单位工程直接费。

(5)算出间接、计划利润,并与直接费汇总成单位工程预算造价。

(6)进一步汇总,得出综合造价和总预算造价。

3. 室内装饰工程施工图预算与施工预算

(1)施工图预算:室内装饰工程施工图预算是明确装饰工程造价的基础文件。工程造价的编制是以施工图,预算额定、计算利润范围为依据的,称为施工图预算。施工图预算是确定装饰产品的价格。

室内装饰产品不同于一般工业产品,价格不同于一般的价格。

①这是由室内装饰产品生产的特点决定的,室内装饰产品各式各样,规模千变万化。

②基本建设的市场是受国家宏观调控影响的,也是由国家长期规划决定的。因此,具体到室内装饰市场的价格也受到国家宏观经济大势的影响。

③是由价值规律的客观性所决定的。

正是这些因素,装饰工程的报价必须采用适合于装饰工程特点的特殊方法,即按实际情况编制工程图预算的方法。

(2)施工预算是施工企业(单位)为了加强施工企业内部的管理和经济核算,节约人工、材料、机械使用,在施工图设计的监督控制下,进行工料分析,计算出工程所需的人工,材料、机械工具等的需要量,施工预算也是根据施工图方案和劳动定额、材料消耗定额、机械台班使用编制而成的。

(3)施工预算的作用是可以提供准确的施工量,作为编制施工计划,劳动力使用计划,材料需用计划,机械台班使用计划,对外定货加工计划的依据。另外,施工预算也是施工各班组实行经济核算,按定额下达任务单、限额领料、保证工程工期、考核施工图预算、降低工程成本的依据。施工预算明确的是装饰企业内部的工程计划成本。

施工预算和施工图预算,虽然两者编制的依据都是施工图,但两者编制的出发点不同、方法不同、深度不同两者的作用不同,因此两者不能混为一谈。

三、工程建设定额

1. 定额

所谓"定额"是指从事经济活动时,对人、财、物的限定标准。如定员(定工时),定质(定质量),定量(定数量),定价(定价格)等,工程建设的产品价格是国家采取特定的方法和形式,即工程建设定额来确定的。工程建设定额是建筑工程预算定额、综合预算定额、核算定额、建筑安装工程统一劳动定额、施工定额和工期定额等的总称。它是实行"三算"制度的基础。常言设计有概算,施工有预算,竣工有决算,这"三算"

都是按照工程建设定额进行编制的。在社会主义市场经济条件下,定额是实行经济核算和编制计划的依据,也是现代化科学管理的基础和重要内容。

建筑、安装工程概算定额:是国家或其授权机关规定完成一定计量单位的建筑中设备安装扩大结构或扩大分项工程所需要的人工、材料和施工机械台班耗量,以货币形式表示的标准。

预算定额的作用:

(1)预算定额是施工管理的重要基础;

(2)预算定额是提高劳动生产力水平的重要手段;

(3)预算定额是评价设计方案经济合理的标准;

(4)预算定额是推行承包制的重要依据;

(5)预算定额是科学组织施工和管理施工的有效工具;

(6)预算定额是企业实行经济核算的重要基础。

建设工程的预算定额是用来确定建设工程产品中每一分部分项工程的每一计量单位所消耗的物化劳动数量的标准。换言之,它是确定每一计量单位的分部分项工程内容所消耗的人工和材料数量以及所需要的机械台班数量的标准。

2.预算定额的作用

工程预算定额的主要作用大致有以下几个方面:

(1)是编制预算和结算的依据;

(2)是编制单位估价表的依据;

(3)是据以计算工程预算造价和编制建设工程概算定额及概算指标的基础;

(4)是施工单位评定劳动生产率进行经济核算的依据。

3.建筑、安装工程概算定额的作用

(1)建筑、安装工程概算定额是设计单位进行设计方案技术经济比较的依据,也是编制初步设计概算和修正概算的依据;

(2)建筑、安装工程概算定额,也可作为建设、施工单位编制主要材料计划的依据;

(3)建筑安装工程概算指标是在建筑或设备安装工程概算定额的基础上,以主体项目为主,合并相关部分进行综合、扩大而成,因此,也叫扩大定额。

4.编制预算定额的主要依据

(1)定额、规范类

①现行的劳动定额、材料消耗定额和企业定额等;

②现行的设计规范、施工验收规范、质量评定标准和安全操作规程、建设工程工程量清单计价规范等。

(2)图纸、资料类

①已选定的建筑装饰工程施工图和通用标准图;

②成熟推广的新工艺、新技术、新材料、新结构;

③施工现场测定资料、实验资料和统计资料。

(3)价格类

①人工工日单价;

②建筑装饰材料单价;

③机械台班单价。

5.预算定额的编制步骤

(1)准备工作阶段

①根据国家或授权机关关于编制预算定额的要求,由定额主管部门主持,组成编制预算的领导小组

和各专业小组。

②拟定编制预算定额的工作方案,提出编制预算定额的工作方案,提出编制预算定额的基本要求,确定预算定额的编制原则、水平要求、适用范围、项目划分以及预算定额表格形式等等。

③调查研究,收集各种编制依据和资料。广泛收集编制预算定额所需要的各项统计资料。

④取得编制预算定额的基础资料。通过实验和现场观察分析,编制砂浆、混凝土、配合比表、建筑装饰材料损耗率表等基础资料。

（2）编制初稿阶段

①确定编制预算定额的实施细则,包括确定编制预算定额使用的表格及编制方法;统一计算口径、计量单位和小数点保留位数的要求;统一预算定额中名称、措辞、专用术语,简化字要规范,语言表达要简练;确定预算定额各部分的工日单价、材料单价和机械台班单价。

②对调查和收集到的资料进行深入细致的分析研究,整理出可用的数据。

③按编制方案中项目划分的规定和所选定的典型工程施工图,计算工程量,并根据加权平均的各项工程量取定消耗量指标,计算预算定额单位分项工程的人工、材料和机械台班消耗量,编制出预算定额项目表。

④测算定额水平。预算定额编制出征求意见的初稿后,应将新编定额与原定额进行比较,测算新定额的水平,并分析定额水平提高或降低的原因。

（3）测算新编定额的水平

①对新旧定额的主要项目逐项对比分析,测算新定额提高或降低的程度。

②通过编制建筑装饰工程施工图预算来测定水平。即采用同一套建筑装饰工程施工图,用新、旧定额分别算出工程造价后进行对比分析,从而达到测算新定额水平的目的。

③用新定额分析出的某建筑装饰工程的用工、用料、使用机械台班数量,与施工现场实际耗用工、料、机械数量进行比较,分析新定额所达到的水平。

（4）审稿定稿及报批阶段

审稿工作的主要内容包括:

①文字是否通顺和简明易懂,前后内容是否连贯,各种数据是否准确无误;

②经过审核的定稿初稿,连同定额编制说明和送审报告,报送主管机关审批。

6. 建筑装饰工程预算定额编制方法

建筑装饰工程预算编制方法的最终目标是确定每个单位分项工程的人工、材料、机械台班消耗的数量标准。而实现这一目标,要通过确定单位、选定典型工程施工图、计算工程量、确定实物消耗指标、确定人工消耗量指标和机械台班消耗量指标来完成。

（1）确定定额计量方法;

（2）确定分项工程实物消耗量;

（3）确定分项工程人工消耗量;

（4）确定分项工程机械台班消耗量。

7. 建筑装饰工程预算定额

材料消耗量确定:

（1）砌块墙材料用量计算;

（2）装饰用块料用量计算。

①铝合金装饰板;

②石膏装饰板;

③釉面砖。

（3）砂浆配合比用量计算:

①各种砂浆按体积比计算公式;

②水泥砂浆配合比用量计算;

③混合砂浆配合比用量计算;

④白石子水泥浆配合比用量计算;

⑤水泥浆配合比用量计算;

⑥石膏灰浆配合比用量计算;

⑦抹灰面干黏石用量计算。

8. 建筑装饰工程人工单价、材料单价、机械台班单价的确定

①人工单价的确定:人工单价亦称工日单价,是指预算定额确定的用工单价,一般包括基本工资、工资性津贴和相关的保险费等。

②材料单价;(略)。

③机械台班单价:(略)

第四节　建筑装饰工程预算造价的审核

一、工程预算造价审核

对于工程量清单计价来说,通过市场竞争形成价格,以及招投标制、合同制的建立与完善,似乎审核作用已不明显。但实际上,审核清单报价仍很重要。工程造价的预结算审核是合理确定工程造价的必要程序及重要手段。通过对预、结算进行全面、系统的检查和复核,及时纠正所存在的错误和问题,使之更加合理地确定工程造价,达到有效地控制工程造价的目的,保证项目目标管理的实现。从双方合作的工程来看,从投标报价、签订合同价、工程结算到竣工结算,业主和承包商实际上都要经历一个工程造价完整的计量计价审核过程,这也是双方对工程造价确定的责任。

工程预算造价审核有利于审核工程预算造价,有利于预算的编制质量。通过审核,发现预算编制中的疏漏、偏差以及某些错误,可以提高预算的准确性。对于清单报价来讲,审核使工程量清单编制准确清楚,使综合单价及总价合理并具有竞争性。

审核工程预算造价,有利于控制工程造价及施工承包合同价的合理确定,有利于加强固定资产投资管理,节约建设资金,有利于提高工程管理水平以及积累、分析技术经济指标,提高设计水平等。

二、工程造价的审核方法

由于建设工程的生产过程是一个周期长、数量大的生产消费过程,具有多次性计价的特点。因此采用合理的审核方法不仅能达到事半功倍的效果,而且将直接关系到审查的质量和速度。主要审核方法有以下几种:

1. 全面审核法

全面审核法就是按照施工图的要求,结合现行定额、施工组织设计、承包合同或协议以及有关造价计算的规定和文件等,全面地审核工程数量、定额单价以及费用计算。这种方法实际上与编制施工图预算的方法和过程基本相同。这种方法常常适用于初学者审核的施工图预算;投资不多的项目,如维修工程;工程内容比较简单(分项工程不多)的项目,如围墙、道路挡土墙、排水沟等;建设单位审核施工单位的预算等。这种方法的优点是:全面和细致,审查质量高,效果好。缺点是:工作量大,时间较长,存在重复劳动。在投资规模较大,审核进度要求较紧的情况下,这种方法是不可取的,但建设单位为严格控制工程造价,仍常常采用这种方法。

2. 重点审核法

重点审核法就是抓住工程预结算中的重点进行审核的方法。这种方法类同于全面审核法,其与全面

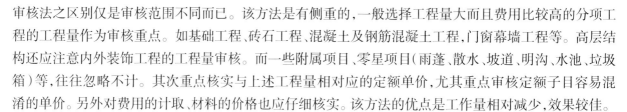

审核法之区别仅是审核范围不同而已。该方法是有侧重的，一般选择工程量大而且费用比较高的分项工程的工程量作为审核重点。如基础工程、砖石工程、混凝土及钢筋混凝土工程，门窗幕墙工程等。高层结构还应注意内外装饰工程的工程量审核。而一些附属项目、零星项目(雨蓬、散水、坡道、明沟、水池、垃圾箱)等，往往忽略不计。其次重点核实与上述工程量相对应的定额单价，尤其重点审核定额子目容易混淆的单价。另外对费用的计取、材料的价格也应仔细核实。该方法的优点是工作量相对减少，效果较佳。

3. 对比审核法

在同一地区，如果单位工程的用途、结构和建筑标准都一样，其工程造价应该基本相似。因此在总结分析预结算资料的基础上，找出同类工程造价及工料消耗的规律性，整理出用途不同、结构形式不同、地区不同的工程的单方造价指标、工料消耗指标。然后，根据这些指标对审核对象进行分析对比，从中找出不符合投资规律的分部分项工程，针对这些子目进行重点计算，找出其差异较大的原因的审核方法。常用的分析方法有：

(1)单方造价指标法：通过对同类项目的每平方米造价的对比，可直接反映出造价的准确性；

(2)分部工程比例：基础、砖石、混凝土及钢筋混凝土、门窗、围护结构等各占定额直接费的比例；

(3)专业投资比例：土建、给排水、采暖通风、电气照明等各专业占总造价的比例；

(4)工料消耗指标：即对主要材料每平方米的耗用量的分析，如钢材、木材、水泥、砂、石、砖、瓦、人工等主要工料的单方消耗指标。

4. 分组计算审查法

就是把预结算中有关项目划分若干组，利用同组中一个数据审查分项工程量的一种方法。采用这种方法，首先把若干分部分项工程，按相邻且有一定内在联系的项目进行编组。利用同组中分项工程间具有相同或相近计算基数的关系，审查一个分项工程数量，就能判断同组中其他几个分项工程量的准确程度。如一般把底层建筑面积、底层地面面积、地面垫层、地面面层、楼面面积、楼面找平层、楼板体积、天棚抹灰、天棚涂料面层编为一组，先把底层建筑面积、楼地面面积算出来，其他分项的工程量利用此基数就能得出。这种方法的最大优点是审查速度快，工作量小。

5. 筛选法

筛选法是统筹法的一种，通过找出分部分项工程在每单位建筑面积上的工程量、价格、用工的基本数值，归纳为工程量、价格、用工三个单方基本值表，当所审查的预算的建筑标准与"基本值"所适用的标准不同，就要对其进行调整。这种方法的优点是简单易懂，便于掌握，审查速度快，发现问题快。但解决差错问题尚须继续审查。

(1)工程造价中存在的问题

在实际工作中，不论水平好坏，总是难免会出现这样或那样的差错。如定额换算不合理，由于新技术、新结构和新材料的不断涌现，导致定额缺项或需要补充的项目与内容也不断增多。然而因缺少调查和可靠的第一手数据资料，致使换算定额或补充定额含有较大的不合理性；其次高估冒算现象在结算时较普遍，一些施工单位为了获得较多收入，不是从改善经营管理、提高工程质量及社会信誉等方面入手，而是采用多计工程量、高套定额单价、巧立名目等手段人为地提高工程造价。另外，由于工程造价构成项目多，变动频繁，计算程序复杂等均容易造成错误。

(2)工程造价审核的内容

预结算的审核，主要以工程量计算是否正确、单价的套用是否合理、费用的计取是否准确三方面为重点，在施工图的基础上结合合同、招投标书、协议、会议纪要以及地质勘察资料、工程变更签证、材料设备价格签证、隐蔽工程验收记录等资料，按照有关的文件规定进行计算核实。

6. 工程量的审核

工程量是计算工程造价的基础，如果计算有误，将严重影响工程造价的结果。工程量的误差分为正误差和负误差。正误差常表现在土方实际开挖高度小于设计室外高度,计算时仍按图计。楼地面孔洞、地沟所占面积未扣;墙体中的圈梁、过梁所占体积未扣;钢筋计算常常不扣保护层;梁、板、柱交接处受力筋或箍筋重复计算等等;正误差表现在完全按理论尺寸计算工程量、项目的遗漏。因此对施工图工程量的审核最重要的是熟悉工程量的计算规则。一是分清计算范围,如砖石工程中基础与墙身的划分、混凝土工程中柱高的划分、梁与柱的划分、主梁与次梁的划分等。二是分清限制范围,如建筑层高大于3.6m时,顶棚需要装饰方可计取满堂脚手架费用,现浇钢筋混凝土构件方可计取支模超高增加费。三是应仔细核对计算尺寸与图示尺寸是否相符,防止计算错误。对签证凭据工程量的审核主要是现场签证及设计修改通知书应根据实际情况核实,做到实事求是,合理计量。审核时应作好调查研究,审核其合理性和有效性,不能有签证即给予计量,杜绝和防范不实际的开支。

工程量审核要点:装饰工程预算分部分项工程子项的列项审核,审核预算列项,是否多项、重项、虚列项等,一旦发现,应予删除。

工作量计算方法的审核:审核计算规则容易混淆的分项工程计量。根据工程量计算规则和编制及审核预算的经验,对装饰装修工程各章的楼地面工程、墙柱面工程、天棚工程、门窗工程、油漆涂料裱糊工程、其他工程的计量方法中容易出现的问题用表格罗列,审核时进行重点检查。对于罗列问题的表格,随着工作的进行可以不断丰富和分类。

7. 定额单价的审核

工程造价定额具有科学性、权威性、法令性,任何人使用都必须严格执行它的形式和内容、计算单位和计量标准,不能随意提高和降低。在审核套用预算单价时要注意如下几个问题:

(1)对直接套用定额单价的审核——首先要注意采用的项目名称和内容与设计图纸标准是否要求相一致,即审核分项工程或子项工程工作内容。其次工程项目是否重复套用。在采用综合定额预算的项目中,这种现象尤其普遍,特别是项目工程与总包及分包都有联系时,往往容易产生工程量的重复,即审核分项工程或子项工程名称与工程计量单位。另外定额主材价格套用是否合理,市场采购材料用量,材料预算价格及市场价格的审核。材料价差还应结合地区的有关造价问价规定进行。

(2)对换算的定额单价的审核——除按上述要求外,还要弄清允许换算的内容是定额中的人工、材料或机械中的全部还是部分? 同时换算的方法是否准确? 采用的系数是否正确? 这些都将直接影响单价的准确性。

(3)对补充定额的审核——主要是检查编制的依据和方法是否正确,材料预算价格、人工工日及机械台班单价是否合理。

8. 费用的审核

取费应根据当地工程造价管理部门颁发的文件及规定,结合相关文件如合同、招投标文件等来确定取费费率。根据各地区的相关费用定额以及所规定的取费程序,审核各项费用的计算方法是否正确,计算程序是否正确,计算结果是否正确等。

综上所述,建设工程预结算的审核是一门专业性、知识性、政策性、技巧性很强的工作。因此需要在工作中不断学习、总结和提高。

第九章　装饰工程施工程序

在国家律法中,按法定程序办事,是依法行政的重要内容,也是依法行政的重要保障。在建筑装饰施工中,也有一定的程序与规范,因为流程是规范做事的程序,而流程中的每一个环节都有它相对应的规范。严格按照程序办事,是确保事情办成功的必要条件。在建筑装饰施工中,流程不仅仅提升了工作效率,也提高了运营效率。按流程运作,较为有利地检查其中的错误,避免出现安全问题,当出现问题时能迅速找到问题发生的原因,并能及时更正与改进。

第一节　建筑装饰设计流程

1. 调研

即了解工程概况。了解建设单位的意见,装饰标准及工程预造价。勘察施工现场的建筑与结构,并考查周边环境。

2. 收集资料

在准备方案阶段必须先收集建筑工程资料,了解参加投标的单位状况以及施工现场空调、水暖、消防、视听等相关资料。

3.初步方案

先构思整体的设计风格,再用多种构思草图进行比较,选取较为满意的草图定为初步方案,在此基础上修改、完善并绘制效果图,将设计创意说明与表现效果图交于建设单位以讨论、确定方案的可实施性。

4.初步设计

将已确定方案进一步深化,完成方案具体实施的一系列问题。绘制初步设计图纸,并进行各种预算、估算和概算。初步设计是具体化的设计,是作为下一步制定施工图、确定工程造价、控制工程总投资的重要依据。

初步设计阶段的工作内容:

(1)以初步方案为基础,具体体现功能性、装饰性和技术工艺。

(2)编制施工组织设计。施工组织设计时以装修工程为对象,根据设计方案和施工图纸,结合现场条件编制,用以指导整个装饰装修工程从施工准备到施工全过程以及竣工交验的综合性技术经济文件。

编制原则:重视施工安全、防火、防毒。保证建筑物安全和住宅装饰装修成品的安全、环保。实现设计意图,按图施工,执行国家标准。合理布置施工现场,科学安排施工程序,连续、均衡施工。降低工程成本,提高工程经济效益。

①施工组织文件包括:

A.设计概况说明:包括任务书,采用的标准,定额、声、光、热、通风、消防等的技术措施。

B.设计说明:表达设计构思意图,介绍设计特点、风格、材料使用、实施手法等。

②设计图纸:

索引编号明细表(图纸目录):由图纸顺序号、图纸名称、页码,家具、陈设、门窗索引号以及对构造详图的归纳。

A.平面布置图:平面图是其他设计图的基础,主要表现空间布局、交通流线、家具陈设、门窗及其他部件的位置尺寸等情况。标注出各功能区域名称,确定剖面切点位置,作出家具和陈设的索引编号。绘图比例为1:50,1:100,1:150或1:200。

B.地面布置图:表达地面所用装饰材料及不同材质地面的组合关系、花色图案构成等内容。标注相应的细部尺寸和地面标高。绘图比例为1:50,1:100,1:150或1:200。

C.顶面布置图:采用镜像投影法绘制,表达层高、吊顶材质、造型及尺寸、灯具及各装饰部件位置尺寸和名称。绘图比例为1:50,1:100,1:150或1:200。

D.立面图:表达墙面所用装饰材料和装饰部件处理形式,包括垂直方向的造型、轮廓线、装修构造、门窗、构配件、墙面做法、固定家具、灯具、装饰物件等,标注出它们所在位置及尺寸、标高和材料名称。立面图中可以不表现能移动的家具和陈设。绘图比例为1:20,1:25,1:50,1:100,1:150或1:200。

E.剖面图:表达界面的凹凸和高低的轮廓变化情况,标注出竖向尺寸和楼地面标高。剖切点应选择在室内变化比较复杂和有代表性的位置,有横向与纵向位置的剖面图。一般剖面图应按正投影法绘制,与立面图结合表达整体关系。绘图比例为1:20,1:50,1:100,1:150或1:200。

细部平、立、剖面图:表达细部要素和部件的详细尺寸,它与节点构造详图结合在一起,是对立面图表达的补充。绘图比例为1:10,1:20或1:25。

F.节点图:也称"大样"图,是表明建筑构造细部的图,是两个以上装饰面的汇交点,按垂直或水平方向切开,以标明装饰面之间的对接方式和固定方法。凡在平、立、剖面或文字说明中无法交待或交待不清的建筑构配件和建筑构造,要表达出构造做法、尺寸、构配件相互关系和建筑材料等,就要引出大样,相对与平立剖而言,是一种辅助图样。

G.水电路图:包含弱电图、插座图、照明图、配电箱图,冷热水管路图,给排水管路图,其中插座图分空调插座、照明插座、备用插座、普通插座,灯具插座、冷热水管需按不同型号配以索引。电路施工图上应明确电路图各开关插座位置与型号。水路图上需标明所有用水线路,如厨房水槽、洗衣机、拖把池等给排水管道。

H. 透视效果图:为了使招标单位更为明确了解设计单位的设计理念与成品效果,设计单位在施工图基础上配以透视效果图,使之更为明确设计效果。

③工程概预算 指在工程建设过程中,根据不同设计阶段的设计文件的具体内容和有关定额、指标及取费标准,预先计算和确定建设项目的全部工程费用的技术经济文件。(详见后面章节)

(3)施工合同的约定内容和业主的具体要求

根据现场的具体施工条件,国家现行法律、法规、标准和规范,施工所在地有关部门的管理规定所编制。

第二节 建筑装饰施工流程

1. 现场设计交底

建设单位、设计师、监理、施工人员到达现场,根据施工图纸进行现场交底,对各部位难点进行讲解,确定开关插座等各部位准确位置。对施工现场进行检测,对墙、地、顶的平整度和给排水管道、电、煤气畅通情况进行检测,并做好记录。对施工图纸现场进行最后确认,建设单位负责人、设计师、监理、施工人员签署设计交底单等单据。

2. 开工准备

编制施工组织设计文件。施工组织设计文件是指导土木工程施工的技术经济文件。内容包括工程概况,开工前施工准备,施工部署与施工方案,施工进度计划,施工现场平面布置图,劳动力、机械设备、材料和构件等供应计划,建筑工地施工业务组织计划,主要技术经济指标的确定。

3. 土建改造

包括敲墙与砌墙。敲墙注意应根据房屋建筑图纸鉴别抗震构件,如构造柱等承重部位。承重墙、梁、柱、楼板等作为房屋主要骨架的受力构件不得随意拆除。砖混结构墙面开洞直径不得大于 1 m。

4. 水电铺设

水电工程属于隐蔽工程,往往处理难度较大,维修工作量大,经济损失也大。

施工注意事项:

(1)水路改造

保证主水路不动。水路改造注意留接头,一般坐便器需要留一个冷水管出口,脸盆,厨房水槽,淋浴或浴缸等需要留冷热水两个出口,左热右冷,一般水管出口都是 4 分标准接口。水改常用材料及工具:PPR 水管(冷、热水管),铝塑复合管,PPR 水管管钳,PPR 水管热熔机。配件有堵头,钢丝软管,水管胶带,线管卡。强、弱电材料有电线,网线,电话线,有线电视线,开关插座及底盒,空气开关(断路器)及底盒,穿线管,黄蜡管,线卡,防水电工胶等。常用电工工具有螺丝刀,电工刀,万用表,测线器。

专业水改的施工规范是"走顶不走地,走竖不走横"。因为刨地会破坏防水,而且一但发生漏水,不易发现,因为水是往低处流的,漏水的地方不一定先流出水,只有当水漏到楼下或"水漫金山",才会发现漏水,但由于是暗管,也无法立刻找到漏水的地方,所以损失会相当大。当水管走顶到卫生间时,遇到需要出水的地方,就开竖槽往下,到合适的高度预留出水口,这样做的好处是,一但发生漏水,由于水往低处流,能够立刻找到漏水的地方,便于维修。但是走顶废料,温差大的时候易结水珠。所以现在许多水改施工仍然是采取走地,为了省料,但是不好维修。但对于木地板铺地的设计可选用走地,管道可排列在龙骨骨架旁。所有在水路改造时要非常注意材料的使用和改造完成后的验收,确保封管后不出意外。

改水施工先用墨线划线,勾画出需要走管的路线,弹好线以后就是开暗槽,冷水管在墙里要有 1 cm

的保护层,热水管是 1.5 cm,用专用工具切割机按线路割开槽面,再用电锤开槽。需要提醒的是,有的承重墙钢筋较多较粗,不能把钢筋切断(影响房体质量),只能开浅(贴砖时需要加厚水泥)或走明管,或者绕走其他墙面。开完槽后安装管路。铝塑管安装封水泥的时候一定按照施工标准给热水管预留膨胀空间。

施工完结,最重要的一步就是验收,也就是通过打压试验,按照标准打压应打到 8 个大气压,并保持 80 分钟,或打开主进水阀 24 h 不漏水才算通过。

（2）电路改造

注意选择双控或者是三控开关,经常使用的地方在厨房和客厅之间,比较大的客厅两头,阳台内外两侧,卧室的进门与床沿边等等。

厨房里各种各样的电器越来越多了,所以多留几个五孔的插座是非常有必要的。各面墙上尽量安装插座,有些墙上为了美观,也可适时省略。对于各种电器,首先必须确定它们最终的位置,这样才能设计各种开关和插座的类型和位置。

以下列举家装中可能使用的各类电源,具体实施应按实际工程进行设计。

①客厅 灯控(双联开关)线控器、电视机电源、天线、机顶盒电源、卫星电视、电脑电源、网线 、DVD、音响 、空调(带开关的插座)(立式)、电风扇。

②卧室、书房 灯控、电视机电源、天线、机顶盒电源、卫星电视、电脑电源、网线 、床头插座(灯)、充电插座 、空调(带开关的插座)。

③餐厅 灯控(顶灯、射灯、帘子)、冰箱 、饮水机、电火锅、电磁炉。

④厨房 灯控、灶台灯、抽油烟机 、换气扇 、热水加热器 、微波炉 、消毒柜 、电饭锅、电水壶、电磁炉、榨汁机。

⑤厕所 灯控(吸顶灯 / 镜子灯)、热水器、浴霸(带换气) 、洗衣机(带开关的插座) 、吹风机 、小洗衣机(带开关的插座)。

⑥玄关(进门) 灯控。

⑦阳台 灯控。

工程应严格按照图纸施工。电线槽必须在墙上横平竖直,暗盒的高度也应一致。在施工过程中,施工人员在墙面确定好暗盒的安装位置,在开线槽时,深度一般要求是所用线管的 2 倍。确定每个插座布置位置,使用 PVC 走线时要尽量选择墙壁走。

强电与弱电电线间距要在 50 cm 以上,如若达不到标准时可使用屏蔽线隔离电磁波。电源线、电视线、电话线不得装入同一个管道内,有线电视和电话线最好不要与电源线平行走,以免引起信号干扰。如果一定要平行,间隔需留 50 cm 以上。

电工在布线时如果是走 PVC 管,要求每根 PVC 管里不超过 4 根线(以拐角后仍能抽动为准)。PVC 管的接头和弯头越少越好。管线在墙面转弯处应用弯管器把管按转弯的角度弄弯,不需安装弯头,但是管与管有连接的地方则必须加弯头。

空调电源采用 16 A 两孔插座,在儿童可触摸的高度内(1.5 m 以下)应采用带保护门的插座,卫生间、洗漱间、浴室应采用防溅的插座并远离水源。

（3）高度设计

电源开关离地面一般在 1 200 mm 至 1 350 mm 之间(一般开关高度是和成人的肩膀一样高)。

视听设备、台灯、接线板等的墙上插座一般距地面 30 cm (客厅插座根据电视柜和沙发而定)。

洗衣机的插座距地面 1 200 mm 至 1 500 mm。

电冰箱的插座为 1 500 mm 至 1 800 mm。

空调、排气扇等的插座距地面为 1 900 mm 至 2 000 mm。

厨房功能插座离地 1 100 mm 高,多个插座需间距 600 mm 以上放 1 只。

脱排位置一般适宜于纵坐标定在离地 2 200 mm,横坐标可定吸烟机本身左右长度的中间,这样不会使电源插头和脱排背墙部分相碰,插座位于脱排管道中央。

施工中电线接头处必须用绝缘胶布及防水胶布双层处理。临时用电需用电缆。厨房、卫生间、浴室的供电回路应各自独立使用漏电保护器,不得将其零线搭接其他房间的供电回路。空调等大功率电器必须设置专用供电回路,空调采用 4 mm 的电源线,照明线采用 2.5 mm 的电源线。不可将电源线裸露在吊顶上或直接用水泥抹入墙中,以保证电源线可以拉动或更换。电源线管应预先固定在墙体槽中,墙上开槽深度需大于 33 mm。吊顶内的电源线头用软管保护。

水电工在泥工用水泥粉墙前应把详细的水电分布走向图画出,上面应该标出水管和各种线离墙角边缘的距离。水、电路图一定要保留好,以便将来进行维修时参照。

5. 泥瓦工工程

在日常的装饰装修过程中,泥工通常是一项覆盖面广,工作量大的系统工程。泥工工作内容是改动门窗位置,厨房、卫生间防水处理,包下水管道,地面找平,墙、地砖的铺贴。

（1）改门窗位置

通过吊线,打水平尺,量角尺等方法确保墙体上门洞、窗洞两侧与地面垂直,转角是 90 度。门洞如果宽度较大应加过桥加固。

（2）防水工程

做好防水工程是对墙及楼面防水材料进行处理,以免雨水沿墙或墙角及楼面渗水,引起墙面、楼底面涂料、夹板天花板及木制家具潮湿后腐蚀变质。在整套家居装饰施工中,因为卫生间的用水量较大,因而卫生间的防水处理是关键。防水施工宜采用涂膜防水。采用高聚物改性沥青防水涂料(水乳型阳离子氯丁胶乳改性沥青防水涂料、SBS'APP'改性沥青防水涂料)、合成高分子防水涂料(单组分聚氨酯防水涂料、聚合水泥基复合防水涂料)等。

卫生间的地面形式有沉箱式、平面式和蹲台式。

①沉箱式防水处理　在沉箱内先将给排水管、排污管埋好。整平基层,在侧面、墙面刮一层水泥浆,待干后,与墙面同时用防水涂料刷两遍,起到堵塞混凝土毛细孔的作用、避免渗水。在沉箱内砌三道 12 红砖,其上搁置混凝土预制块,再用水泥砂浆找平,封闭好沉箱,注意不得留积水。沉箱清理及回填是指下沉式卫生间,一般比室内地面低 150 mm 以上,做好后比室内地面低 30 mm~50 mm。

②平面防水处理　应先埋好给排水管、排污管,整平地面基层,在上面刮一层素水泥浆,待干后,墙地面刷二遍防水涂料,也可先做墙面防水,镶贴墙面瓷片时预留最底下一块不贴,以后再做地面防水,需要注意的是接口处必须处理好。

③蹲台式地面防水　指对座便器而言。埋好给排水管及排污管道,清整平墙地面,在上面刮一层素水泥浆,待干后,应在蹲台底部做一次防水,然后在蹲台面再做一次防水,墙面防水应延伸到蹲台底部。

包下水管时,应尽量使下水管的阴阳角方正,与地面垂直,特别注意补准封闭下水管道上的检修口。

实施防水处理必须基层表面坚实、平整、干燥,没起有砂,凹凸、松动、鼓包、裂缝、麻面等缺陷。穿顶板的管子根部要用掺加微膨胀剂的干硬性水泥砂浆封堵,管根周围留 10 mm × 10 mm 的小槽,用以注建筑密封胶。待加强层凝固后,用滚刷均匀涂刷防水涂料;防水层采用多道涂刷,待第一道防水层凝固后,再刷第二道防水层,每道涂刷方向相互垂直,直至达到设计厚度。四周向上卷起高度达 200 mm~300 mm,不漏刷、不积堆。

防水做完后用薄薄的纯水泥浆刮一层,一方面起保护作用,另一方面增加瓷砖与墙面的粘结。规范的做法是地面三层,墙面二遍。防水施工完成后需做两次蓄水实验,地漏、阴阳角、管道等地方要多做一次防水,地漏等用防臭地漏。

墙面防水的高度可以有所不同,合理的高度是卫生间到 1.8 m,厨房到 1.5 m,特殊情况做到天花底部,如该墙背面有到顶的衣柜,防水层必须到顶。

（3）墙、地砖铺贴

对进入现场的墙砖地砖进行开箱检查,查看材料的品种规格是否符合设计要求,严格检查相同的材料是否有色差,仔细查看是否有破损、裂纹,测量其宽窄,对角线是否在允许偏差范围。

地面铺设施工时先清理基层表面尘土、油渍,检查地面直度、表面平整度等质量情况,是否存在空鼓、脱层、起翘等缺陷,如果超过允许值（空鼓控制在 3%,单片空鼓面积不超过 10%）,必须把基层粉抹平整后再开始贴砖。贴砖前应充分考虑砖在阴角处的压向,要求从进门的角度看不到砖缝,一般先贴进门对面的然后再贴背面,先贴整块再贴下水管道处的阳角。要注意地砖是否需要拼花或是要按统一方向铺贴,切割地砖一定要准确,门套、柜底边等处的交接一定要严密,缝隙要均匀;地砖边与墙交接处不超过 5 mm。贴墙砖时,必须吊垂线和水平线,以保证墙砖的垂直度、表面的平整度及纵横砖缝相互垂直对齐。在阳角处,必须采用瓷砖的缘边磨 45° 角相拼黏贴,两砖以保证在交角处吻合成 90° ,并保证水泥黏贴饱满,并用水泥砂浆把空隙填满,确保无掉角及空角,无锐利锋口。墙砖与洗面台、浴缸等的交结,应在洗面台、浴缸安装完后方可补贴。贴厨房、卫生间的地砖时应适当放坡（坡度为 6 mm~8 mm）,并保证能使地面残水从地漏流尽而不积水。阳台坡度为 8 mm~15 mm（不封阳台情况下）。墙砖镶贴时,遇到开关面板或水管的出水孔在墙砖中间,墙砖不允许断开,应用切割机掏孔,掏孔应严密。墙砖镶贴时,应考虑与门洞的交口应平整,门边线应能完全把缝隙遮盖。

贴砖留 1 mm~2 mm 的缝最好,一为对角,二为伸缩。勾缝在完工前进行,先清缝,用白水泥加滑石粉调腻子,勾缝腻子低于砖面 1 mm。交工验收前清缝一次,用湿白水泥加滑石粉勾缝,清洁干净。

6. 木工工程

木工工作量为吊顶、轻质隔墙、门、窗套、窗页、家具、木地板、软包、裱糊、地毯等（具体施工工艺祥见后章节）。

（1）木工常用板材

细木工板:俗称大芯板、木工板。是具有实木板芯的胶合板,它将原木切割成条,拼接成芯,外贴面材加工而成,其竖向（以芯板材走向区分）抗弯压强度差,但横向抗弯压强度较高。面材按层数可分为三合板、五合板等,按树种可分为柳桉、榉木、柚木等。质量好的细木工板面板表面平整光滑,不易翘曲变形,并可根据表面砂光情况将板材分为一面光和两面光两种类型。两面光的板材可用做家具面板、门窗套框等要害部位的装饰材料。现在市场上大部分是实心、胶拼、双面砂光、五层的细木工板,尺寸规格为1 220 mm×2 440 mm,厚度有 16 mm、19 mm、22 mm、25 mm 等。细木工板握螺钉力好,强度高,具有质坚、吸声、绝热等特点,而且含水率不高,在 10%~13% 之间,加工简便,用途最为广泛。细木工板比实木板材稳定性强,但怕潮湿,施工中应注意避免用在厨卫。常使用在家具、门窗及其套、隔断、假墙、暖气罩、窗帘盒等地。

（2）装饰面板

俗称面板,是将实木板精密刨切成厚度为 0.2 mm 左右的微薄木皮,以夹板为基材,经过胶粘工艺制作而成的具有单面装饰作用的装饰板材,厚度一般为 3 mm。装饰面板是目前有别于混油做法用板的一种高级装修板材。

主要种类有:刨切木单板贴面板。刨切单板是用珍贵树种木材用径向刨切工艺制成木单板,厚度板薄,用料不同,花纹各异,粘贴在人造板上的方法也有多种。其特点是真实自然、不开裂、不变形,而且节约木材,有利环保,是当今国内外市场占有率最高的一种装饰贴面。但此类饰面板因是用珍贵树种作原料故造价高,于是就又出现利用零碎木材加工下脚料,着色、粘合、刨切成薄板,用来给人造板贴面,其效果甚至胜过刨切木单板。

①塑料贴面板 常见的是较软的聚氯乙烯薄膜,印成多种花色图案及木纹用来贴面,色彩鲜明、图案靓丽、价格便宜。为避免聚氯乙烯中的增塑剂污染环境,国内不少厂家已用聚乙烯或聚丙烯薄膜代替。其使用主要在较大面积的用途,如门面板、展览大厅墙面装饰等。

纸质贴面板:这种纸质贴面板的种类很多,主要有预涂性装饰纸、低压薄页纸短周期贴面、高压氨基树脂类贴面等。其特点主要是色泽艳丽,装饰功能强,市场应用广泛。

金属箔贴面板:这是近年来新研制的,主要用在需有金属质感表面装饰的面板,可以降低金属用量,如铝箔面板用作电梯间墙面、铜箔面板用作大门装饰。其优点是装饰效果好、有一定强度,市场用量趋增。

此外还有竹材旋切面板、涂料装饰人造板、木栓皮贴面板等各类装饰面板。

②密度板 密度板也称纤维板,是以木质纤维或其他植物纤维为原料,施加脲醛树脂或其他适用的胶粘剂制成的人造板材。密度板表面光滑平整、材质细密、性能稳定、边缘牢固,而且板材表面的装饰性好。但密度板耐潮性较差,且相比之下,密度板的握钉力较刨花板差,螺钉旋紧后如果发生松动,由于密度板的强度不高,很难再固定。 但是密度板表面光滑平整、材质细密、性能稳定、边缘牢固、容易造型,避免了腐朽、虫蛀等问题。在抗弯曲强度和冲击强度方面,均优于刨花板,而且板材表面的装饰性极好,比之实木家具外观尤胜一筹。按其额度的不同,分为高密度板、中密度板、低密度板。(中密度板密度为 550 kg/m³~880 kg/m³,高密度板密度 ≥ 880 kg/m³ 以上)。常用规格有 1 220 mm × 2 440 mm 和 1 525 mm × 2 440 mm 两种,厚度 2.0 mm~25 mm。一般用来做柜体或箱体材料。

③刨花板 又叫微粒板、蔗渣板,由木材或其他木质纤维素材料制成的碎料,施加胶粘剂后在热力和压力作用下胶合成的人造板,又称碎料板。主要用于家具和建筑工业及火车、汽车车厢制造。刨花板按产品密度分:低密度(0.25 g/cm³~0.45 g/cm³)、中密度(0.55 g/cm³~0.70 g/cm³)和高密度(0.75 g/cm³~1.3 g/cm³)三种,通常生产 0.65 g/cm³~0.75 g/cm³ 密度的刨花板。按板坯结构分单层、三层(包括多层)和渐变结构。按耐水性分室内耐水类和室外耐水类。此外,还有非木材材料如棉秆、麻秆、蔗渣、稻壳等所制成的刨花板,以及用无机胶粘材料制成的水泥木丝板、水泥刨花板等。刨花板的规格较多,厚度从 1.6 mm~75 mm,以 19 mm 为标准厚度,常用厚度为 13 mm,16 mm,19 mm 三种。此类板材主要优点是价格极其便宜。其缺点也很明显:强度极差。一般不适宜制作较大型或者有力学要求的家私。

④防火板 又名耐火板,有丰富的表面色彩、纹路以及特殊的物流性能,广泛用于室内装饰、家具、厨柜、实验室台面、外墙等领域。防火板种类很多,有些防火板是原纸(钛粉纸、牛皮纸)经过三聚氰胺与酚醛树脂的浸渍工艺,高温高压制成。三聚氰胺树脂热固成型后表面硬度高、耐磨、耐高温、耐撞击,表面毛孔细小不易被污染,耐溶剂性、耐水性、耐药品性、耐焰性等机械强度高。绝缘性、耐电弧性良好及不易老化。防火板表面光泽性、透明性能很好地还原色彩、花纹,有极高的仿真性。酚醛树脂热固成型后形成极高的密度具有耐温、耐水及硬质等物流特性。也有防火板采用硅质材料或钙质材料为主要原料,与一定比例的纤维材料、轻质骨料、黏合剂和化学添加剂混合,经蒸压技术制成装饰板材。防火板的厚度一般为0.8 mm,1 mm 和 1.2 mm 。

⑤金属夹芯防火板 是以金属板(铝板、 不锈钢板、 彩色钢板、 钛锌板、 钛板、铜板等)为面板,无卤阻燃无机物改性的填芯料为芯层,热压复合而成的一种防火的三明治式夹芯板。

⑥木龙骨 装修中常用的一种材料,有多种型号, 起支架作用,用于撑起外面的装饰板。木龙骨主材一般为红松和白松,以红松为佳。隔断龙骨常用规格为:50 mm × 40 mm,格栅龙骨常用规格为 35 mm × 45 mm,吊顶龙骨常用规格为 25 mm × 30 mm。木龙骨应按所用位置和环境做防火、防潮处理。凡带有焦痕的因干度不均易变形的不宜采用。

（3）涂料施工

建筑涂料涂装表面刷墙漆,油漆是在木工、水电工施工完毕,检查合格后,彻底清扫现场卫生后才开始,以免灰尘、粉尘影响施工质量。

乳胶漆由于是水性涂料,对施工保养条件要求较高。施工和保养温度高于 5℃,环境湿度低于 85%,以保证成膜良好。一般来讲乳胶漆的保养时间为 7 天(25℃),低温应适当延长。低温将引起乳胶漆的漆膜粉化开裂等问题,环境湿度大会使漆膜长时间不干,并最终导致成膜不良。外墙施工必须考虑天气因素,在涂刷乳胶漆前,12 h 不能下雨。且油漆的施工保养湿度也不宜太低,尤其是双组份的反应型涂料,低温(5℃)其成膜过程将变的十分缓慢。故必须保证底材干燥,涂刷后 24 h 不能下雨,避免漆膜被雨水冲坏。

①干燥　墙面湿度低于 6%。墙面湿度大可能造成漆膜起泡、起皮、剥落以及墙面渗碱、漆膜失光甚至长霉;木材表面湿度低于 10%;墙面无渗水、无裂缝等结构问题。去除或更换表面磨损和腐烂部分,清洁修补表面,门窗与墙面接合部要用弹性好的填料嵌补。

②牢固　没有粉化松脱物,旧墙面没有松动的漆皮。底材松动有污物粘附会影响漆膜附着力,导致起皮剥落等现象发生,如有霉菌滋生,更会造成漆膜长霉。

③清洁　如果原墙面已经抛光,必须先用砂纸打磨毛躁,再刮腻子以防粘合不牢,造成起泡。查看墙面有无油、脂、霉、藻和其他粘附物。有粉化、起泡、开裂、剥落,需铲除旧涂膜重新涂刷一遍底漆、两遍面漆。铁类:应先除去表面锈斑,待清理干净后马上涂刷相应的防锈底漆。

家庭装饰使用最多的是聚氨脂木器漆、醇脂磁漆、醇酸调和漆。聚氨脂木器漆中含有甲苯二异氨酸脂,它是一种有害物质,具有催泪作用,也会使皮肤轻度着色,它的蒸气会对呼吸道有强烈的刺激,即使在低浓度的蒸气下也会有 2%~5% 的人产生类似于过敏性气喘的过敏反应。醇脂、醇酸类漆使用的有机溶剂如松节油、松节水、汽油、丙酮、乙醚等气味难闻,甚至熏得人难受。有些假冒伪劣产品以涤纶废丝代替醇酸树脂,并使用超强溶剂和纯苯,后果就更为严重。使用时要特别注意选择优质产品。居室涂刷过后要适时通风,新居装修过后最好空置 1~2 个月,经通风后才能入住。

7. 工程验收、交付使用

木制品、墙面、顶面,业主可对其表面油漆、涂料的光滑度、是否有流坠现象以及颜色是否一致进行检验。

电路主要查看插座的接线是否正确以及是否通电,卫生间的插座应设有防水盖。

水路改造的检查同样还是重点。业主需要检查有地漏的房间是否存在"倒坡"现象,除此之外,也应对地漏的通畅、马桶和面盆的下水进行检验。

另外还有一个要注意的问题,例如厨房、卫生间的管道是否留有检查备用口,水表、气表的位置是否便于读数等。

第三节　装修常见问题答疑

装修是个复杂的工程,在装修的过程中,无论是采购材料还是施工经常会出现各种各样的问题。本书就常见的问题及解决方式做出列举。

一、装修面积计算方法

正常情况下,装修面积与房子的实际面积不可能相同,即使按照房地产商提供的户型图也会有误差。所以,在装修之前有必要对房子的装修面积进行测量,也就是装修中常说的"量房"。量房通常是预算的第一步,只有经过精确的量房才能进行比较准确地报价,设计师也需要在量房时感受一下将要施工的现场,这对于设计也是很有帮助的。

量房时需要测量的内容大致分为墙面、天棚、地面、门窗等几个部分。

1. 墙面装修面积的计算

墙面装修面积的计算根据材料的不同在计算方法上也会有所不同,具体表现在以下两个方面。

（1）乳胶漆、壁纸、软包、装饰玻璃的计算是以长度乘以高度的面积进行计算的,单位为 m³。长度、高度是以室内将要施工的墙面的净长度、净高度进行计算的;如果有吊顶,墙面高度可以从室内地面起算至天棚下沿,然后再加 20 cm 左右。同时门窗所占的面积应从墙面面积中扣除,窗体侧面面积可加入,踢脚线、顶角线不需扣除,单个面积在 0.3 m³ 以内的孔洞面积也可以不用扣除。

（2）安装踢脚板的计算按室内墙体的周长计算,单位为 m。

2. 顶面面积的计算

顶面面积的计算也和材料有关系,不同材料的计算方法也会有所不同,具体表现在以下两个方面。

（1）吊顶（包括梁）的装饰材料一般包括涂料、各式吊顶、装饰角线等。涂料、吊顶的面积以顶棚的净面积 m² 计算,不扣除间隔墙,穿过天棚的柱、垛和烟囱等所占面积。很多装饰公司会按照天花的展开面积进行计算,所谓展开面积就是把天花像纸盒一样展开后进行计算,这样算出的面积会比较多一些。

（2）天花装饰角线的计算是按室内墙体的净周长以 m 进行计算。

3. 地面面积的计算

地面面积的计算也同样和材料有很大的关系,地面常见的装饰材料一般包括:木地板、地砖（或石材）、地毯、楼梯踏步及扶手等。具体表现在以下三个方面。

（1）地面面积按地面的净面积以 m² 计算,不扣除间隔墙,穿过地面的柱、垛等所占的面积。

（2）门槛石或者窗台石的铺贴,多数是按照实铺面积以 m² 计算,但也有以 m 或项计算的情况。

（3）楼梯踏步的面积按实际展开面积以 m² 计算;楼梯扶手和栏杆的长度可按其全部水平投影长度（不包括墙内部分）乘以系数 1.15 以"延长米"进行计算;其他栏杆及扶手长度直接按"延长米"计算。

工程量的结算最终还是要以实量尺寸为准,以图纸计算还是难免会有所偏差。面积的计算直接关系到预算的多少,是甲乙双方都非常重视的一点,必须尽量做到精确。

二、常见装修方式

目前常用的装修方式主要有包清工和包工包料这两种。这两种装修方式各有其优缺点。

1. 包清工

包清工指的是业主自己选购材料,找装饰公司或者装修工程队进行施工,只支付对方工钱的装修方式。包清工又分为两种,一种是业主只购买主材,辅料由施工队负责;还有一种是业主购买包括辅料在内的全部材料。采用包清工方式对于普通业主而言是个不小的挑战,尤其对那些材料购买全包的业主,需要花费的精力和时间非常多,因为一个完整的装修涉及的材料种类非常多,稍有不慎就容易买到一些假冒伪劣或者不合适的产品,给装修带来很大的麻烦。因而市场上采用包清工的业主更多的是采用自己只购买主材,比如瓷砖、木地板、壁纸等,而将一些辅料,比如水泥、沙、钉、胶粘剂等交给装修公司提供的方式。这种方式能够使业主在一定程度上的参与装修,保证主要材料的质量,但同时又不用在装修上浪费太多的时间和精力,是目前市场上采用最多的一种装修方式。

2. 包工包料

包工包料指的是装修公司将施工和材料购买全部承办,业主只需要购买一些家具、家电等产品即可入住。采用这种装修方式对于业主而言是最省事的。但能不能省心就需要看装修公司的负责程度了。其实这种方式是国外最常见的装修方式,但因为国内装修市场在发展初期混乱的局面造成很多的装修问题和事故,也造成了业主对于装修公司的不完全信任。因而目前国内采用这种包工包料的方式并不是市场的主流。采用包工包料方式最重要的是找到一家有良好信誉的装修公司,相对而言,品牌的装饰公司在这方面会做得更好。

三、装修中的主要污染

装修中的污染是业主最头疼的事情,很多因装修污染导致业主家人生病、致癌的报道使得人们谈污染色变。装修中的污染主要有以下几种。

1. 甲醛

甲醛是一种无色易溶解的刺激性气体,是世界卫生组织认定的高致癌物质。人只要喝下约一汤匙的甲醛水溶液就会致死。吸入过量的甲醛后,会引起慢性呼吸道疾病、过敏性鼻炎、免疫功能下降等问题。此外,甲醛还是鼻癌、咽喉癌、皮肤癌的主要诱因。甲醛污染的主要来源有胶合板,细木工板、中密度板和刨花板等胶合板材和胶粘剂、化纤地毯、油漆涂料等材料。

2. 苯

苯可以抑制人体的造血机能,致使白血球、红血球和血小板减少。人吸入过量的苯物质后,轻者可能导致头晕、恶心、乏力等问题,严重的可导致直接昏迷。过度吸入苯会使肝、肾等器官衰竭,甚至诱发血液病。苯污染的主要来源是合成纤维、塑料、燃料、橡胶以及其他合成材料等。

3. 氡

氡是一种天然放射性气体,无色无味。氡能够影响血细胞和神经系统,严重时还会导致肿瘤的发生。氡污染的主要来源是花岗石等天然石材。

4. 二甲苯

短时间内吸入高浓度的甲苯或二甲苯,会出现中枢神经麻醉的症状,轻者会导致头晕、恶心、胸闷、乏力,重者会导致昏迷,甚至会由此引发呼吸道系统的衰竭而导致人的死亡。二甲苯的污染主要来自于油漆、各种涂料的添加剂以及各种胶粘剂、防水材料等。

这里需要说明的是,大多数装饰材料都或多或少含有一些对人体有害的物质,但那些达到国家质检环保标准的材料,其有害物质对于人体的危害是可以忽略不计的。所谓装修污染导致人体的不适更多的是因为施工中采用了劣质材料和达不到国家环保标准的材料造成的。所以在材料选购时一定要优先考虑其环保指标,这样才能减少装修材料污染对于人体的损害。

四、完成"绿色环保装修"的措施

绿色环保装修指的是装修后的室内空气中的有毒有害气体、物质的含量(浓度)达到国家环保标准的装修。不少人有个误区,认为绿色环保装修是指装修后的室内完全无毒害,实际上这是根本做不到的。装饰材料或多或少会含有一定的有毒有害物质,实际上只要这些有毒有害物质的含量不会对人体造成危害即可。例如,国家《居室空气中甲醛的卫生标准》中,对室内空气中甲醛含量的环保标准是 $0.08mg/m^3$,低于这个指标就可以称之为绿色环保装修。因此只要室内空气中的有毒有害物质低于国家标准,就可以称之为绿色环保装修。

在实施绿色环保装修时,选择适用的环保装饰材料十分重要。环保装饰材料指在生产制造和使用过程中既不会损害人体健康,又不会导致环境污染和生态破坏的健康型、环保型、安全型的室内装饰材料。装修中用量最大的当属各种板材和涂饰材料。如果使用了达不到环保标准的大芯板、刨花板、胶合板等合成板材和一些不达标的油漆、涂料,其释放的甲醛等有害物质在短时间内很难挥发干净,一次装修往往会造成几年的污染。因而要做到绿色环保的装修,环保材料的选择就显得尤为重要。

(1)环保型材料主要有如下两种。

①基本无毒无害型　装饰材料中有一些基本上是无毒无害的,尤其是一些天然材料,其有毒有害物质基本上可以忽略不计,如乳胶漆、石膏、砂石、木材、部分天然大理石和花岗石、实木地板等。

②低毒、低排放型　这些材料是市场上的主流,只要能够达到国家规定的环保标准的材料都可以归入此类。如有害物质达到国家标准的大芯板、胶合板、密度板等板材以及各种人工复合而成的材料等。这些达到国家环保标准的材料本身还含有一定的有毒有害物质,但对于人体已经没有危害,在装修中也可以放心地使用。

(2)完成绿色环保装修需要注意如下几点。

①使用材料　尽量减少使用含有有毒有害物质的材料,也就是前面所说的低毒、低排放型材料。以大芯板、胶合板、密度板等人造板材为例,由于这些板材大多数采用胶粘加工而成,在室内还是会有一定量的甲醛释放。虽然购买的是达到环保标准的板材,但因为室内空间是固定的,如果用量过多,室内空间中的有毒有害气体、物质含量同样会超标。反过来,虽然采用了环保不达标的产品,如果使用量很少,它其中所含的有毒有害气体,例如甲醛,释放到空气中的浓度,只要不超过国家的 0.08 mg/m³ 这个标准值,是不会造成对人体的伤害的。因而适当控制那些确定含有有毒有害物质材料的数量,是做到绿色环保装修的关键。

②入住　装修完毕不要立即入住,这一点很重要,装修完毕起码要空置一到两周的时间,保持通风状态来稀释室内的有害物质。其实最行之有效的减少室内污染的办法就是室内常通风换气,即使是装修后达标的室内空间也应经常通风。通风对流时间越长,材料中释放出的有毒有害物质在室内空气中的浓度就越低。尤其是夏季,高温导致材料的有害物质释放量增高,即使其他季节不超标,到了夏季也很容易超标。但也正是这个季节,室内都因为开空调导致门窗紧闭,通风很差,这样很容易导致室内有毒有害物质含量超标。

③室内多摆放一些阔叶类植物　其实很多植物本身就有吸收甲醛、笨、一氧化碳等有害物质的功能,摆上一些这样的植物既能美化环境,又能吸取有害物质,一举两得。除了在室内摆放植物外,还可以找环境净化公司净化室内环境。这些公司可以测试室内有害物质含量是否超标,如果超标,它们有专业的设备吸收这些有害物质。市场上也有一些诸如空气净化器、活性炭、甲醛吸附器等设备可以放入室内净化环境。实际上国内不少城市中的大气污染已经比较严重,在室内使用空气净化器,在某些城市会比加强空气流通更能改善室内的空气质量。

④注意家具中的有害物质　很多人有个误区,认为装修是造成室内污染的源头,实际上外购的成品家具有时候有毒物质含量更高,其甲醛含量动辄可以超标数倍甚至数十倍。不光板式家具,商家宣传的环保布艺沙发也同样能够造成室内污染,因为各种布艺家具中经常使用含苯的胶粘剂,也会在室内造成苯污染。所以在家具搬进室内后才进行空气检测很难判断到底是装修污染还是家具污染。最好的做法是在家具进场前先做一次检测,家具进场后再进行一次检测。

⑤杀菌抗霉　尽可能将阳光引入室内,发挥阳光杀菌抗霉的作用。尤其是厨房这些极易滋生细菌污垢的空间,适当引入阳光对于环境净化非常有利。

五、装修施工需要特别注意的细节

(1)不得拆改任何承重结构和抗震构件。承重结构是指作为房屋主要骨架的受力构件,如承重墙、梁、柱、楼板等。此外,抗震构件如构造柱、圈梁等也是非常重要的承重构件。在承重墙上不得随意拆改和开门窗洞及打较大的洞口;也不得拆门窗洞两侧的墙体,扩大门窗的尺寸;房间与阳台之间的墙体,只允许拆除门窗,窗台下的墙体最好不要拆除;在钢筋混凝土墙、柱上不得开凿任何孔洞,更不得截断其中的钢筋。

(2)不得增加楼板静负载。室内不得砌筑厚度大于 120 mm 的黏土砖隔墙。在砌隔墙时,应选用轻质材料,比如轻钢龙骨石膏板隔墙就是个不错的选择,如果有隔音的要求,只需要在石膏板隔墙内填充隔音棉即可。

(3)在墙面、地面直接埋设电线必须使用电线套管。因为不置入电线套管的电线,当电线塑料护套线破损或被虫、老鼠咬破以后,可能会使墙面和地面带电,影响人身安全。

(4)厨房、厕所的地面防水层需完善。渗漏问题主要集中在厨房、厕所等空间,因为这些地方管道最多且最容易积水。因此在这些空间做防水就十分重要。防水除了必须无漏刷少刷外,最好进行积水试验24 小时,到楼下观看天花板有无渗漏现象,如果发现有渗漏现象,应该重新再做防水。

(5)不得破坏或者拆改煤气表具和水表以及水、电、煤等配套设施。煤气与自来水属于专业工程范围,其位置有统一安装规定和要求,施工时不得随意拆改。如果需变动其位置,应向煤气、自来水等相关部门

第十章 范例欣赏

某豪华商务套房

某中餐 VIP 自助包间

某行政酒廊

某豪华餐厅

某酒吧

某宴会前厅

某博物馆名人厅

—— 某日本餐厅

某高级单人房

某传统建筑展厅

某会客厅

客房走道

某博物馆展厅

室内视觉中心的处理

传统雕刻装饰在室内设计中的应用

应用传统白墙作为展示媒介

室内景观设计

各种舞台灯在空间设计的应用

海员餐厅

灯光的冷暖对比在空间中的作用

玻璃在空间的应用

传统建筑构件的展示设计

用原木透光形式来装饰餐厅空间的吊顶

金属和玻璃创造出极具现代感的空间 ——————————

—————————— 科幻空间的用材与构造

某餐厅的地面铺装复杂与顶面简洁形成鲜明的对比 ——————————

WOODCARVING ON DOORS AND WINDOWS

门窗雕刻，包括门、窗及其细部构件雕刻。门、窗是建筑中的小木作，是传统建筑室内外空间相分和连接的中介，门窗不仅是人的视线较多关注的部位，在展示艺术风格、造型特征和精巧技艺的同时，门窗的类别、样式、结构等也体现了建筑木构件的灵活多样，形象直观地展现了传统建筑门窗的装饰美。

Woodcarving at doors and windows include the carving of these parts such as doors and windows. Door and windows are the small wooden parts in architecture. They are the medium between the interior and exterior spaces of architecture. Woodcarvings on doors and windows are the parts most noticeable. When demonstrating the artistic sheen, modeling features and exquisite techniques, the styles, categories and structures of doors and windows also indicate the flexibility and variety of the wooden components in architecture, which vividly shows the beauty of decorations on the traditional architecture and their doors and windows.

原木装饰的展示墙

利用逆光效果创造展示空间